JN232988

マルチメディアシステム工学

― 音響と画像の実用システムから技術を知る ―

工学博士 大賀 寿郎 著

コロナ社

まえがき

　著者の育った技術分野は音響工学と音響信号処理であり，これを基盤として材料，部品の研究から電話システムの実用化，販売支援まで担当した．そのかたわら，日本電子機械工業会（現 電子情報技術産業協会，JEITA）の音響技術委員会，マルチメディアシステム標準化委員会に関係し，また IEC（国際電気標準連合）において TC 100 "Audio, video and multimedia systems and equipment" の活動に参加して音響技術をその一部とするマンマシンインタフェース技術の現状を体験した．現在は大学の教員としてアカデミズムの側からこの産業分野に貢献すべき立場にある．

　技術がマルチメディアシステムに統合されていく流れを著者が肌で感じたのは技術標準化作業の内容の変化であった．成立の古い電話技術やラジオ放送技術では音響信号関連事項のみが標準化された．アナログテレビジョン放送技術は音響システムとは別に標準化されたものであり，そのため音響信号部は類似システムの FM 放送に似ていて多少異なる．テレビジョン技術の延長とみなされるアナログカセットビデオテープの開発では明らかに音響信号の軽視があり，このため，後にまったく異なる技術の追加を余儀なくされた．ディジタル技術標準化の古典といえる電話 PCM，コンパクトディスク（CD）は音響信号のみのディジタル化であったが，MPEG システムに至って音響と動画像が同じ組織で審議され，合理的に共存するようになった．技術標準化においてマルチメディアシステム化の流れは明瞭であった．

　しかし，多くの工学分野と同様，情報通信技術分野においても過度の専門分化の弊害がみられる．例えば，マルチメディアシステムの大きな要素であるべき画像技術と音響技術はいまだにそれぞれ別の専門家，別の会社組織，別の学会から構成されており，工業会のように両者を包含する組織でも討論にあずか

る委員は共通ではない。このため，統合システムを構成したり議論したりする際にすきま風が吹くことがままあるように見受けられる。大学での教育，研究もこれを反映しており，マルチメディア技術の担当者が融合するには程遠い現状といえる。

会社から大学に移籍し，工学部通信工学科において画像工学と情報圧縮論の講義を担当するにあたって，筆者はこれらを統合し，「マルチメディアシステム工学」と名づけた1年間の講義を構想した。情報圧縮技術は現在のマルチメディア技術の粋であり，音響信号処理，画像信号処理の両者で比較的似通った技術要素が用いられている。一方，システムの基盤としてアナログ技術と人間要因の知識はやはり不可欠である。そこで前期では

① まず聴覚，音声，視覚などの人間要因とその定量化手法を述べる。
② つぎにアナログ技術の重要なものを，単純なものから複雑なものへと順を追って述べる。

これらをもとに後期では

③ ディジタル技術をなるべく系統的に述べる。

さらに，抽象論に陥らないために前期，後期とも

④ 要素技術の項目ごとに，これを応用した実際のシステムの例を観察する。

また，視野の広い理解を狙って

⑤ 個々の技術についてはまず音響信号への応用を述べ，続いて画像信号への応用を述べて比較する。

という方針のもとに，2001年より講義を行っている。

数年間の講義経験より，こうした構成には上記のような現状に対してそれなりの利点があると考えるに至った。特に，同じ要素技術や類似のシステムについて音響への応用と画像への応用を対比することは，短時間でわかりやすく述べるのになかなか有効であり，ささやかながら音響にも画像にも詳しいエンジニアを育てる一案となるかもしれない。

本書はこの講義内容をもとに教科書として構成したものである。

一方，講義を進めながら，動きの激しいこの技術分野での対応の難しさも痛

感させられている。工学部の講義は産業界の現状，将来に適合したものでなければならない。実際，わずか数年の講義でも述べる内容は変化した。ADSLや地上ディジタルテレビジョン，これらの基礎となるOFDMなどは，今後産業界で活躍すべき情報通信エンジニアに必須ではないかと考えて後から追加したものである。教科書にまとめるにあたってさらに若干の取捨選択を行い，少なくとも数年間は普遍的であると思われる技術を取り上げたつもりだが，万全の自信はもてない。

しかし観点を変えると，こうしたダイナミズムこそが隆盛を極めているこの産業分野の特徴ともいえる。そこで，教科書に必須の演習問題をレポート課題の形式とし，本書の範囲をやや超える課題を設定することにより，さらに進んだ技術探求の指針とすることとした。そのため，参考文献としては，論文の類よりは比較的参照しやすい書籍を優先して取り上げるようにした。

一方，1年間の授業を想定したため包含できなかった重要技術も多い。例えばマイクロホン，スピーカなどの電気音響変換機器，カメラなどの光学機器のハードウェア技術，またIEEE 1394のようなディジタルインタフェース技術にはほとんど言及できなかった。マルチメディアシステム技術はきわめて広範である。読者諸兄姉は本書に詳述されていない技術分野については別の解説書を友として，併せて追求していただければと考える。

なにぶん内容が多岐にわたるので，授業を進め，さらに本書をまとめるにあたって多くの方々のお世話になっている。特に技術について日頃ご教示いただいている電気通信大学大学院 御子柴茂生 教授，NTT研究所 守谷健弘 博士，富士通アイネットワークシステムズ 小野東栄 部長，また本書をまとめる世話役を務められたコロナ社の諸氏に篤くお礼を申し上げたい。しかし，本書の内容に関する責任はもちろんすべて筆者にある。誤りや不具合な記述のご叱正，さらには改善のご提案などを，この産業界の利益につながるものとお考えのうえよろしくお願い申し上げる次第である。

2004年8月

大賀　寿郎

目　　　次

1. 基本的な事項

1.1　マルチメディアシステムとは何か …………………………………… 1
　1.1.1　コンテンツとメディア ……………………………………………… 1
　1.1.2　マルチメディアの概念 ……………………………………………… 3
1.2　物 理 量 と 波 …………………………………………………………… 4
　1.2.1　基本となる物理量 …………………………………………………… 4
　1.2.2　電磁波と音波 ………………………………………………………… 6
1.3　マルチメディア信号の取扱い …………………………………………… 7
　1.3.1　信 号 の 次 元 ………………………………………………………… 7
　1.3.2　時間領域と周波数領域 ……………………………………………… 9
　1.3.3　時間周波数と空間周波数 …………………………………………… 13
1.4　人の心理現象の定量化法 ……………………………………………… 13
　1.4.1　心理量の尺度化 ……………………………………………………… 14
　1.4.2　心理現象の性質とウェーバー・フェヒナーの法則 ……………… 15
　1.4.3　評定尺度法（オピニオン評価）……………………………………… 16
　1.4.4　精神物理学的測定法 ………………………………………………… 17
レポート課題 ………………………………………………………………… 19

2. 音声と音楽，聴覚と視覚

2.1　人の音声と音楽信号 …………………………………………………… 20
　2.1.1　音声生成部の構造と音声の大きさ ………………………………… 20

2.1.2　音響信号としての母音と子音……………………………………………21
　　2.1.3　音響信号としての音楽…………………………………………………24
　2.2　人の聴覚機能……………………………………………………………………25
　　2.2.1　耳の構造：マイクロホンとの対比……………………………………25
　　2.2.2　耳に聞こえる音の大きさと高さ………………………………………26
　　2.2.3　聴覚マスキング…………………………………………………………27
　　2.2.4　両耳効果とステレオホニック…………………………………………29
　2.3　人の視覚機能……………………………………………………………………31
　　2.3.1　目の構造：カメラとの対比……………………………………………31
　　2.3.2　目の分解能………………………………………………………………32
　　2.3.3　色感と三原色……………………………………………………………33
　　2.3.4　フリッカの感覚…………………………………………………………37
　2.4　システム設計における人の感覚の性質への留意点…………………………38
　レポート課題……………………………………………………………………………39

3. アナログシステム技術

3.1　音響信号のアナログ伝送とラジオおよび電話…………………………………40
　　3.1.1　AMと中波放送…………………………………………………………41
　　3.1.2　DSB, SSB, VSBと周波数分割多重電話伝送システム……………44
　　3.1.3　FMと超短波ステレオラジオ放送……………………………………47
3.2　動画像のアナログ伝送とテレビジョン…………………………………………52
　　3.2.1　使用する周波数…………………………………………………………53
　　3.2.2　放送すべき信号の周波数成分と音響信号……………………………54
　　3.2.3　画像信号の走査と同期…………………………………………………55
　　3.2.4　輝度信号と色度信号……………………………………………………58
　　3.2.5　NTSC映像信号の生成…………………………………………………61
　　3.2.6　EDTVと高精細度テレビジョン………………………………………62
3.3　音響信号のアナログ記録とカセットテープシステム…………………………64
　　3.3.1　磁気テープシステムの原理……………………………………………65
　　3.3.2　カセットテープシステムの構成………………………………………67

3.3.3　周波数特性の補償 …………………………………………… 68
3.4　動画像のアナログ記録とビデオカセットテープシステム ………… 70
　3.4.1　信号の記録形式 ………………………………………………… 71
　3.4.2　画像の記録と再生 ……………………………………………… 73
　3.4.3　音響信号の高品質記録再生 …………………………………… 74
3.5　ビデオテープを用いた音響信号のPCM記録再生方式 …………… 75
レポート課題 …………………………………………………………… 77

4. 線形ディジタルシステム

4.1　なぜディジタルシステムを用いるか ………………………………… 78
4.2　音声，音響信号のディジタル化とコンパクトディスク（CD）……… 81
　4.2.1　標　　本　　化 ………………………………………………… 81
　4.2.2　量　　子　　化 ………………………………………………… 84
　4.2.3　CDのハードウェア …………………………………………… 86
　4.2.4　CDの信号記録方式とインタリーブ ………………………… 88
　4.2.5　符号付加による誤り訂正方式 ………………………………… 92
　4.2.6　CDの記録内容と発展 ………………………………………… 95
4.3　音声信号のPCM伝送：24チャネルPCM方式とISDN電話 ……… 96
　4.3.1　電話信号の標本化と量子化：信号の圧伸 …………………… 97
　4.3.2　時分割多重方式によるディジタル伝送 ……………………… 99
　4.3.3　ISDNシステム ………………………………………………… 100
4.4　エコーキャンセラによる送受信号の分離 …………………………… 102
4.5　画像信号のディジタル化とコンピュータ内の画像信号 …………… 103
　4.5.1　二次元画像の空間周波数 ……………………………………… 104
　4.5.2　二次元静止画像の標本化と量子化 …………………………… 106
　4.5.3　二次元動画像の標本化 ………………………………………… 107
　4.5.4　コンピュータでの画像信号の取扱い ………………………… 108
4.6　PCMを基礎とした種々のディジタル化方式 ……………………… 110
　4.6.1　オーバサンプリング …………………………………………… 110

4.6.2 Σ-Δ 変調 ……………………………………………………… 111
4.7 正弦波のディジタル変調方式とADSLシステム …………………… 113
　4.7.1 正弦波の多値ディジタル変調 ……………………………………… 113
　4.7.2 ADSLシステム ……………………………………………………… 115
レポート課題 ……………………………………………………………………… 118

5. 信号適応ディジタルシステム技術

5.1 ディジタル信号処理応用の基本とPHS方式 …………………………… 119
　5.1.1 信号処理の基本技術1：時間軸上の処理 ………………………… 119
　5.1.2 PHSモバイル電話システム ………………………………………… 122
5.2 音響信号の信号処理を伴うディジタル伝送と
　　 MPEGオーディオ方式 …………………………………………………… 125
　5.2.1 信号処理の基本技術2：周波数軸上の処理 ……………………… 125
　5.2.2 MPEGオーディオ方式の基本構成 ………………………………… 128
　5.2.3 写　　　像 …………………………………………………………… 129
　5.2.4 聴覚心理モデルによる情報圧縮 …………………………………… 130
　5.2.5 ビットストリーム …………………………………………………… 131
　5.2.6 品　質　評　価 ……………………………………………………… 132
5.3 音声に特化した信号処理ディジタル伝送と携帯電話方式 …………… 134
　5.3.1 ボコーダ：CELPの基盤となった技術 …………………………… 134
　5.3.2 CELPの基本構成と種類 …………………………………………… 135
　5.3.3 品　質　評　価 ……………………………………………………… 138
　5.3.4 ディジタル携帯電話システム ……………………………………… 139
5.4 静止画像のディジタル記録とディジタルカメラ ……………………… 140
　5.4.1 エントロピー符号化 ………………………………………………… 141
　5.4.2 直　交　符　号　化 ………………………………………………… 143
　5.4.3 ディジタルカメラシステム ………………………………………… 146
5.5 凸レンズの定数 ……………………………………………………………… 149
5.6 ズームレンズ ………………………………………………………………… 150

5.7 動画像のディジタル伝送と記録と地上ディジタル放送 ················ *151*
 5.7.1 動画像のための予測符号化 ··················· *151*
 5.7.2 MPEG ビデオ符号化方式 ··················· *152*
 5.7.3 伝送される情報の構成 ··················· *159*
 5.7.4 地上ディジタルテレビジョン ··················· *159*
 5.7.5 ディジタルラジオ放送 ··················· *161*
5.8 マルチメディアシステムの例としての
  光ディジタルディスクシステム ··················· *162*
 5.8.1 ディジタル多目的ディスク (DVD) システム ··················· *162*
 5.8.2 書込みできる CD と DVD ··················· *167*
レポート課題 ··················· *170*

参 考 文 献 ··················· *171*
あ と が き ── マルチメディアシステム技術と社会 ── ············ *174*
索 引 ··················· *176*

1 基本的な事項

1.1 マルチメディアシステムとは何か

メディア（media）は「媒体」と訳される。ここではこれを

「**人が情報，意思などを他人との間で授受する媒体となるもの**」

と定義する。人は種々のメディアを用いて情報や意思をやり取りしているわけである。この定義に従えば，広義のマルチメディアシステム工学とは

「**人の身体の機能の一部を拡張する技術**」

に関する工学ということになる。

1.1.1 コンテンツとメディア

人どうしのコミュニケーションは図 1.1 のような階層で行われている。

ここでは，人がやり取りを希望している内容を体現するもの（上位のもの）を**コンテンツ**（contents），これを伝える手段となるもの（下位のもの）をメデ

人の意思，情報	←コミュニケーション→	人の意思，情報
言　語，表情，動作	←　対　話　→	言　語，表情，動作
発声器官，聴取器官，顔，身体	←音声，音楽，身振り→	発声器官，聴取器官，顔，身体

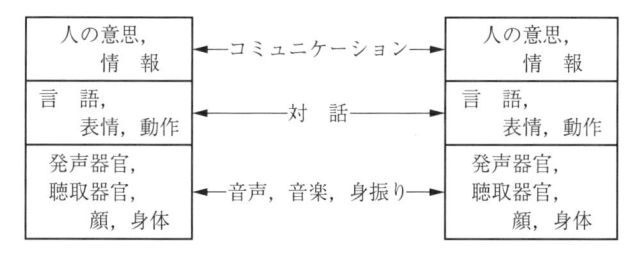

図 1.1　コミュニケーションの階層

ィアと呼ぶことにしよう．人の意思，情報をコンテンツとすると，メディアは例えば図1.2のように整理される．

また，これらの各項目をメディアとして機能させるためのさらに下層のメディアも定義できる．電話なら電話機，伝送路など，録音機ならテープ，ディスクなどはこうした下層のメディアである．

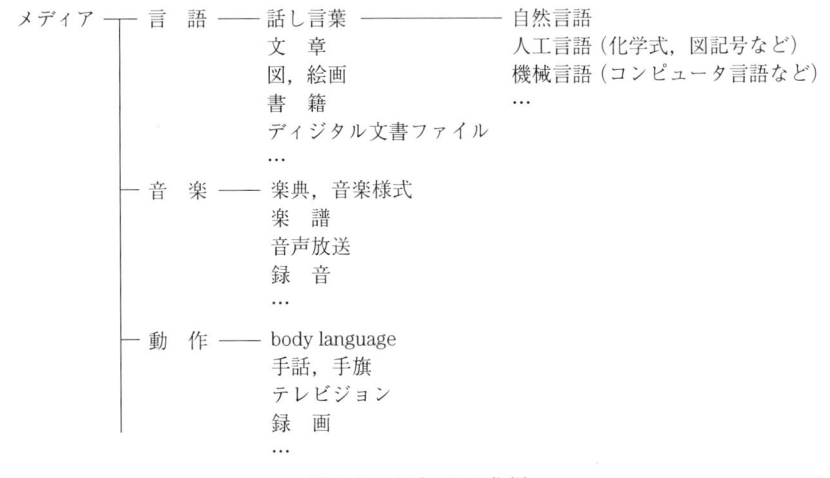

```
メディア ─┬─ 言 語 ──┬─ 話し言葉 ──────┬─ 自然言語
         │           │ 文 章            │ 人工言語（化学式，図記号など）
         │           │ 図，絵画          │ 機械言語（コンピュータ言語など）
         │           │ 書 籍            │ …
         │           │ ディジタル文書ファイル
         │           └─ …
         │
         ├─ 音 楽 ──┬─ 楽典，音楽様式
         │           │ 楽 譜
         │           │ 音声放送
         │           │ 録 音
         │           └─ …
         │
         └─ 動 作 ──┬─ body language
                     │ 手話，手旗
                     │ テレビジョン
                     │ 録 画
                     └─ …
```

図1.2 メディアの分類

このようにメディアを多層なものと理解すると，コンテンツとメディアの関係は相対的なものとなる．例えば，言語をメディアとして論じるときはコンテンツは人の意思，情報であるが，ディジタル文書ファイルをメディアとして扱うときには言語の記述内容をコンテンツと認識することになる．

本書で取り扱う「メディア」は図1.1のチャートの最下層をなすものと，その伝達能力を拡張するもの（さらに下層のもの）とする．例えば，話し言葉の能力を拡張するメディアとして文字，文章による記録があげられる．また，電話は別な形で話し言葉の能力を拡張する手段である．さらに電子，情報，通信技術のアシストにより，メディアの種類はきわめて多様化している．

1.1.2 マルチメディアの概念

それぞれの階層で，目的のコンテンツに対して複数種類のメディアの自由選択ができ，メディアの種類によらず希望するコミュニケーションが可能な状態を「マルチメディアの実現されている状態」と定義する．例えば，下記のようなコンテンツとメディアの対応例があげられる．

- マルチ伝送メディア：例＝電話通話（伝送路は金属線，光，無線…）
- マルチ表現メディア：例＝人の表現（動画像，静止画，音楽，音声，データ…）
- マルチ報道メディア：例＝ニュース（新聞，テレビジョン，ラジオ，雑誌…）

工学系の分野では，マルチメディア＝マルチ表現メディアという理解が一般的である．さらに，ディジタル信号がすべてのメディアを区別なしに扱う特性をもつことから，マルチメディアは従来独立していた**メディアの統合，融合**を意味するようになった．例えば，音声システムと動画像システムとの融合はマルチメディアシステム構成の典型のように認識されている．

ここではこの理解を踏まえて，**マルチメディアシステム**（multimedia system）を

> 「情報の種類にかかわりなく伝達，記録することによりあらゆる種類の情報に対応する**システム**」

と位置づけよう．

ユーザに有用なマルチメディアシステムを普遍的に提供するための**工学**（engineering），**技術**（technology）は電子，情報，通信工学の重要な一分野であり，少なくとも下記の3領域を統合するものでなければならない．

- 人間機械インタフェース
- アナログ，ディジタル電子システム
- ネットワークシステム

したがって，マルチメディアシステム工学ではメディアによる人どうしのコミュニケーションに関する知識が技術の基盤となる．本書ではメディアとし

て，人の発声器官，聴取器官，視覚器官（口，耳，目）に関連するものに着目する。すなわち

- 聴覚，視覚によるコミュニケーションのためのシステムであって，
- 音声，音楽，静止画，動画，データなどを統合した表現のための信号[†]の授受を行う，
- 電子，情報，通信技術を駆使した，

システムを対象とし，これをマルチメディアシステムと呼ぶこととする。

1.2 物理量と波

1.2.1 基本となる物理量

物理量を取り扱うときにはその単位と次元を忘れてはいけない。ここで本書に関連する基本的な量とその単位を列挙する。

現在，標準として用いられている**単位系**（units）はISOで規定されたSI単位系である。長さ〔m〕，質量〔kg〕，時間〔s〕，電流〔A〕を基本量とし，これに温度〔K〕，物質量〔mol〕，光度〔cd〕を加えた7種を基本単位とする。また，平面角〔rad〕，立体角〔sr〕を補助単位とする。パワーの比の常用対数の10倍として定義されるデシベル〔dB〕量は本来無名数だが，基準の量を決めておくと通常の物理量のように扱うことができる。

電気系の基本量はよく知られた下記の3種を用いる。

- 電　圧〔V〕：基準量との比の常用対数の20倍を電圧レベル〔dB〕と呼ぶ。1Vを基準量とすることが多いが，0.775V（600Ωの電気抵抗に1mWを消費させる電圧）を基準とすることもある。
- 電　流〔A〕：基準量との比の常用対数の20倍を電流レベル〔dB〕と呼ぶ。

[†] 本書では音声，音楽関係の信号を
　　音響信号：人の耳で受容できるあらゆる音を含む信号
　　音声信号：電話機での授受の対象となる個人の話声信号
の二つに分類する。ラジオ，テレビジョン技術領域では前者を音声信号と呼ぶが，ここではこの呼称は別の意味で用いる。

- 電　力 (パワー)〔W〕：エネルギーの時間率。基準量との比の常用対数の10倍を電力レベルまたはパワーレベル〔dB〕と呼ぶ。1 W または 1 mW を基準量とすることが多い。

機械 (力学) 系の基本量は上記の電気系の場合と同様に定義される。
- 力〔N〕：基準量との比の常用対数の 20 倍を力のレベル〔dB〕と呼ぶ。
- 速　度〔m/s〕：基準量との比の常用対数の 20 倍を速度レベル〔dB〕と呼ぶ。
- パワー〔W〕：次元は電力と同じ。基準量との比の常用対数の 10 倍をパワーレベル〔dB〕と呼ぶ。

音の基本量は上記の機械系の場合と同様に定義される。
- 音　圧〔Pa〕：基準量との比の常用対数の 20 倍を音圧レベル〔dB〕と呼ぶ。一般に 0.000 02 Pa (20 μPa，正常な聴力をもつ人が聞き取れる 1 000 Hz 正弦波の最小の音の値に近い) を基準量とする。
- 粒子速度〔m/s〕：実際には個々の空気分子の運動は高速で方向がランダムである。音響現象ではその平均値を粒子速度とする。dB 量は定義できるがあまり使われない。
- 強さ (音響インテンシティ)〔W/m²〕：基準量との比の常用対数の 10 倍を音響インテンシティレベル〔dB〕と呼ぶ。10^{-12} W/m² を基準量とする。この値は常温常圧の空気中では 2 ％程度の偏差で音圧レベルの値に一致する。

光の基本量はつぎのように，人の視覚の特性を加味したものを含んでいる。
- 光　度 (cd ＝ カンデラ)：光源の強さを表す SI 単位系における光の基本単位で，周波数 540×10^{12} Hz の単色光 (黄緑の可視光) を放射し，単位立体角 (ステラジアン) 当りの放射強度が 1/683 W の光源の光度を 1 cd とする。
- 光　束 (lm ＝ ルーメン)：光パワーの肉眼による評価量で，光度 1 cd の点光源から 1 ステラジアンの立体角の範囲に放射される放射束。単色光でないときは標準比視感度と最大視感度で重み波長積分して求める。

6   1. 基本的な事項

- 照　度 (lx ＝ ルクス)：照らされた面の明るさで，1 m² を 1 lm の光束で一様に照らしたときの明るさが 1 lx である。晴れた日向は 10 万 lx 以上，日陰で 1 万 lx，照明された机上は 300 lx 程度である。

1.2.2　電磁波と音波

マルチメディアシステム工学では種々の物理的意味をもつ空間の波をメディアとして取り扱う。その基本量はつぎのようなものである。

- 振　幅：電圧〔V〕，音圧〔Pa〕などで表された波の正または負の最大値
- 周 波 数：周期波の場合，1秒間に最大の繰返し単位の現れる頻度〔Hz〕。その 2π 倍を角周波数〔rad/s〕と呼ぶ。次元は時間の逆数
- 波　長：周期波の場合，最大の繰返し単位の空間的または時間的な長さ〔m または s〕
- 位相(位相角)：周期波の場合，1周期内の位置の角度表示〔rad〕。次元は無名数
- 位相速度：波の特定の位相の波面が空間を伝わる速度〔m/s〕。分散や非線形性のない空間を伝播する波ではこれが波速を与える。

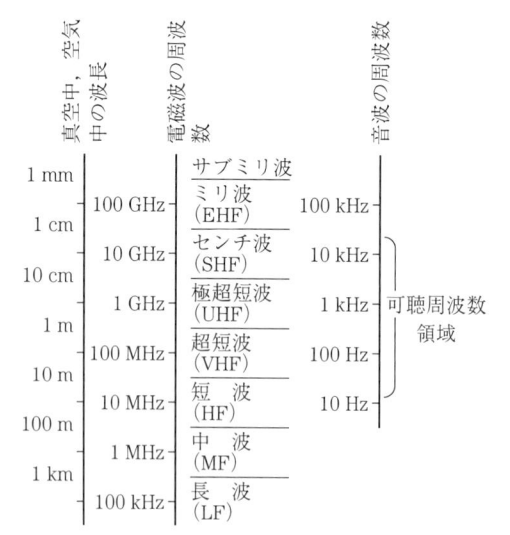

図1.3　同じ波長をもつ電磁波と音波の比較

真空中，空気中の波長	電磁波の周波数		音波の周波数	
1 mm	100 GHz	サブミリ波 ミリ波 (EHF)	100 kHz	
1 cm	10 GHz	センチ波 (SHF)	10 kHz	
10 cm	1 GHz	極超短波 (UHF)	1 kHz	可聴周波数領域
1 m	100 MHz	超短波 (VHF)	100 Hz	
10 m	10 MHz	短波 (HF)	10 Hz	
100 m	1 MHz	中波 (MF)		
1 km	100 kHz	長波 (LF)		

- インテンシティまたは(波の)パワー:進行方向に垂直な単位面積を単位時間〔1 s〕に通過する平面波のエネルギー〔W/m²〕

マルチメディアシステムの扱う空間波は電磁波(電波,光)と音波である。両者を波長をそろえて対比すると**図1.3**のようになる。両者は波速に約10^6倍の開きがあるので,同じ波長では電磁波の周波数が音波のそれの約100万倍大きい。図より1 GHzの電磁波の波長(30 cm)は1 kHzの音波のそれ(34 cm)に近いこと,VHF (very high frequency,超短波)テレビジョン放送に用いられる電波(90〜222 MHz)の波長は会話音声の基本周波数(100〜200 Hz)の音波のそれに近いことなどがわかる。

1.3 マルチメディア信号の取扱い

マルチメディアシステムの本質は音響信号,動画像信号,文字信号など複数の種類の信号をまとめて取り扱うことである。ここで,やや抽象的となるが信号の基本的な性質とその取扱いの考え方を概観する。具体例は2章,3章で詳しく述べる。

1.3.1 信号の次元

信号は時間と空間を座標とする関数として定義される。電子,情報,通信システムで伝送,記録,再生可能な信号は本質的に時間のみに依存する一次元信号である。このため,種々の**次元** (dimension) をもつ信号を時間のみによる信号に変換して伝送,記録,再生するための技術が重要となる。ここで空間を直交座標 x, y および z,時間を t で表現し,種々の信号とその座標との関係を整理しよう。

まず,最も簡単な例に注目する。空間の1点で受音された音声,音響信号は時間のみによる一次元連続関数で,特別な加工なしに電気信号化できる。

一方,人の耳は左右2点で音を受容して音の入射方向などを感知している。マイクロホン素子を直線上に複数並べた受音システムは,さらに多くの空間情

報を得ることができる。こうして得られる複数の点で受音された音声，音響信号は空間情報を含む二次元以上の関数となり，複数チャネル同時伝送，記録などの工夫が必要となる。2チャネルステレオ音響信号は空間の次元を2点で代表させた例である。

絵画，写真，文書を表示しているパーソナルコンピュータ（以下，パソコン）の画面など静止画は二次元平面上の関数であり，本質的な時間的変化はない。したがって，やはり二次元の関数である。こうした二次元信号は，画面を多くの平行な線として切り出す**走査** (scanning) という手段で時間のみによる一次元信号に変換できる。例えば，ファクシミリは二次元静止画像信号を決められた規約（プロトコル）で走査して音響信号と同じような時間のみの関数に変換し，一次元信号として送信する。受信側では決められた手順でこれを二次元の静止画像に復調する。有限間隔の走査により空間の次元の一つは不連続（離散）となるが，走査を細かくして連続量に近づけるのが理想である。

色彩（カラー）をもつ静止画は光の周波数を変数とする関数なので，時間の関数ともいえるが，通常は人の色彩感覚の特性（三原色分解）を利用し，3枚一組み（3チャネル）の静止画として扱われる。

彫刻，建築，自然の風景などの静止物体の像は，人が認識する信号としては三次元空間の時不変の関数である。三次元空間の像を光学的または電子的に伝送，記録，再生する技術はホログラフィーなどの手段で試みられているが，まだ一般的ではない。特にカラー信号の取扱いは今後の課題である。

映画，テレビジョンなどの動画像信号は，二次元の画像信号を一定の速度〔映画なら毎秒24枚，テレビジョンでは25枚または30枚（1枚の情報をインタレースを用いて2枚に分割して送受するので実際は50枚または60枚）〕で表示するものであり，二次元平面での量の時間関数となっている。走査により空間成分の一つは離散量となる。一方，人の視覚特性を利用して，時間関数としては上記のように比較的粗い離散量とすることが承認されている。

テレビジョンは，二次元動画像信号を決められた規約（プロトコル）のもとに走査して音響信号と同じような時間のみの関数に変換し，色彩の要素まで多

重化して一次元信号として送信する。受信側では決められた手順でこれを二次元の動画像に復調している。

こうした種々の信号の次元を**表1.1**に整理して示す。マルチメディアシステムでは，二次元以上の空間における信号を時間のみによる一次元信号に変換しなければならない。このあと説明するそれぞれのシステムで，これをどのように解決しているかに注目していただきたい。

表1.1 種々の信号の次元

		空間 x	空間 y	空間 z	時間 t
一次元	音声，音響信号	—	—	—	連 続
二次元	複数の点で受音された音響信号	離 散	—	—	連 続
	静止画像信号（白黒）	連 続	連 続*	—	(時不変)
	静止画像信号（カラー）	連続×3	連続×3*	—	
三次元	静止物体信号	連 続	連 続*	連 続	
	動画像信号（白黒）	連 続	連 続*	—	離 散
	動画像信号（カラー）	連続×3	連続×3*	—	離 散

（備考）　便宜上色彩の要素は次元とは考えていない。
＊：アナログ電子システムでも走査により離散化される。

1.3.2 時間領域と周波数領域

種々の次元をもつ信号を時間のみに依存する一次元信号に変換して伝送，記録，再生するには，その数学的な特徴を把握しておく必要がある。

時間 t を変数とする一次元の連続関数 $x(t)$ は，**フーリエ変換**（Fourier transform）

$$X(f) = \int_{-\infty}^{\infty} x(t) \exp(-j2\pi ft) dt \tag{1.1}$$

により周波数 f の連続関数に変換される。被積分関数のなかの指数関数部分はオイラーの公式

$$\exp(-j2\pi ft) = \cos(2\pi ft) - j\sin(2\pi ft) \tag{1.2}$$

より三角関数であることが知られる。したがって，式 (1.1) は，時間の関数 $x(t)$ に周波数 f の三角関数を掛けて広い時間範囲で積分すると周波数 f の成

分が検出できることを表す．すなわち，時間関数 $x(t)$ と周波数関数 $X(f)$ は同じ信号を時間の領域と周波数の領域でそれぞれ表すものである．$X(f)$ から $x(t)$ への変換は**逆フーリエ変換** (inverse Fourier transform)

$$x(t) = \int_{-\infty}^{\infty} X(f) \exp(+2\pi ft) df \tag{1.3}$$

で与えられる．これらの式は信号を表す関数に基底関数 (直交する関数列，ここでは複素指数関数) を乗じて積分することにより成分を分析するものである．

ここで，これらの関数の物理的な意味 (次元) を吟味しておこう．式 (1.3) から知られるように $x(t)$ は $X(f)$ に周波数 [Hz] を掛けた量である．したがって，例えば $x(t)$ が電圧 [V] なら $X(f)$ は単位周波数当りの電圧 [V/Hz] であり，両者の物理的な意味は異なる．

これらの積分が有限値に収束するためには関数に，値が無限大にならないこと，無限に長い時間にわたり続かないことなどの数学的な条件が課せられる．しかし，現実の信号は有限長で，振幅も制御でき，この条件を満たすように工夫できるものである．

正弦波，三角波などの周期信号は理論的には開始と終了はなく，無限長の時間にわたり定義される．こうした関数は 1 周期のみを取り出して解析する．一次元関数 $x(t)$ が周期 T [s] の周期関数であれば，つぎの**フーリエ級数** (Fourier series) で表現できる．

$$x(t) = \sum_{p=-\infty}^{\infty} X_p \exp\left(j2\pi \frac{t}{T} p\right) \tag{1.4}$$

ここで，p は整数である．係数 X_p は式 (1.5) で与えられる．

$$X_p = \frac{1}{T} \int_{-T/2}^{+T/2} x(t) \exp\left(-j2\pi \frac{p}{T} t\right) dt \tag{1.5}$$

p が 0 の項は直流成分を表す．

X_p は周波数の関数とみなされるが，周波数間隔 $1/T$ [s^{-1} = Hz] の周波数点のみに存在する．したがって，時間の領域で周期的な関数は周波数の領域では飛び飛びの関数 (離散関数) になる．また，X_p を与える式では時間項が分

子分母にあるので相殺するため，X_p と $x(t)$ の物理的意味は等しい．例えば $x(t)$ が電圧なら X_p も電圧である．

フーリエ級数の時間と周波数とを形式的に逆転すると下記の関係が得られる．

$$X(f) = \sum_{n=-\infty}^{\infty} x_n \exp\left(-j2\pi \frac{f}{F} n\right) \tag{1.6}$$

$$x_n = \frac{1}{F} \int_{-F/2}^{+F/2} X(f) \exp\left(j2\pi \frac{n}{F} f\right) df \tag{1.7}$$

ここで，x_n は時間領域の関数だが，時間間隔 $1/F$ 〔$Hz^{-1} = s$〕の時刻のみに存在する飛び飛びの関数（離散関数）である．一方，周波数領域の関数 $X(f)$ は周波数 F ごとの周期関数となる．したがって，時間の領域で飛び飛びの関数（離散関数）は周波数の領域では周期的な関数になる．

ディジタルコンピュータで取り扱う信号は時間領域の離散関数なので，上記の関係式はディジタル信号の解析に有用である．通常は

$$z = \exp\left(j2\pi \frac{f}{F}\right) \tag{1.8}$$

とおいて変数変換し

$$X(z) = \sum_{n=-\infty}^{\infty} x_n z^{-n} \tag{1.9}$$

$$x_n = \frac{1}{j2\pi} \oint X(z) z^{n-1} dz \tag{1.10}$$

の形式として利用する．これを **z 変換**（z-transform）と呼ぶ．第2式の積分路は単位円となる．

ディジタルコンピュータでは，周波数領域の信号も離散関数として取り扱う．したがって，時間領域と周波数領域との関係としては下記のような**離散フーリエ変換**（discrete Fourier transform）を用いる．

$$X_p = \sum_{n=0}^{N-1} x_n \exp\left(-j2\pi \frac{p}{N} n\right) \tag{1.11}$$

$$x_n = \frac{1}{N} \sum_{n=0}^{N-1} X_p \exp\left(j2\pi \frac{n}{N} p\right) \tag{1.12}$$

周波数領域の関数 X_p，時間領域の関数 x_n はいずれも飛び飛び，かつ周期的となる。また，p が 0 の項は直流分を表す。離散フーリエ変換は上記のフーリエ級数や z 変換と異なり加算の範囲が $N-1$ までとなっており，p または $n=1$ の成分の 1 周期分のみを加算していることがわかる。この式の数値計算には，複素指数関数部の周期性を利用した**高速フーリエ変換** (fast Fourier transform：**FFT**) と呼ばれるアルゴリズムが広く用いられる。

表 1.2　時間領域と周波数領域との変換関係

種類	変換対	波形の概念
フーリエ変換	時間領域→周波数領域 $X(f) = \int_{-\infty}^{\infty} x(t) \exp(-j2\pi ft) dt$	非周期的
	周波数領域→時間領域 $x(t) = \int_{-\infty}^{\infty} X(f) \exp(j2\pi ft) dt$	連続
フーリエ級数	時間領域→周波数領域 $X_p = \frac{1}{T} \int_{-\frac{T}{2}}^{\frac{T}{2}} x(t) \exp\left(-j2\pi \frac{p}{T} t\right) dt$	周期的
	周波数領域→時間領域 $x(t) = \sum_{p=-\infty}^{\infty} X_p \exp\left(j2\pi \frac{t}{T} p\right)$	離散
z 変換	時間領域→周波数領域 $X(f) = \sum_{n=-\infty}^{\infty} x_n \exp\left(-j2\pi \frac{f}{F} n\right)$ ここで $z = \exp\left(j2\pi \frac{f}{F}\right)$ とおくと $X(z) = \sum_{n=-\infty}^{\infty} x_n z^{-n}$	離散
	周波数領域→時間領域 $x_n = \frac{1}{F} \int_{-\frac{F}{2}}^{\frac{F}{2}} X(f) \exp\left(j2\pi \frac{n}{F} f\right) df$ 上記の z を用いると $x_n = \frac{1}{j2\pi} \oint X(z) z^{n-1} dz$ （積分路は単位円）	周期的
離散フーリエ変換	時間領域→周波数領域 $X_p = \sum_{n=0}^{N-1} x_n \exp\left(-j2\pi \frac{p}{N} n\right)$	離散かつ周期的
	周波数領域→時間領域 $x_n = \frac{1}{N} \sum_{n=0}^{N-1} X_p \exp\left(j2\pi \frac{n}{N} p\right)$	

こうした変換関係をまとめて**表1.2**に示す。マルチメディアシステムで各種の信号を時間のみに依存する一次元信号の形式で取り扱うにあたっては

① 信号は時間領域，周波数領域いずれでも記述することができ，その関係は表1.2のように与えられる，

② 一方の領域で飛び飛びの信号（離散関数）は，いま一方の領域では周期関数になる，

という性質が解析の基本となる。

なお，音響信号や動画像信号の処理システムでは，信号を偶関数と仮定し，離散フーリエ変換における周波数領域の値を実数のみとして計算を簡易化する離散コサイン変換が用いられる。詳細は5.2.1項で述べる。

1.3.3 時間周波数と空間周波数

上記のように，通常は周波数を単位時間当りの波数と考える。一方，マルチメディアシステムでは単位空間当りの波数と定義される周波数も用いられる。

一例として，常温の自由空間を1 kHzの音波が伝わっているとする。これを1点で観測していると1/1 000秒間隔で同じ波形が通過していくから周期は1/1 000秒であり，周波数はこの逆数の1 000 Hzと与えられるわけである。

一方，ある瞬間にこの音波による音圧の空間分布を観測すると，音波の進行方向に約34 cm間隔で同じ波形が繰返し存在するから波長は34 cm (0.34 m)であり，空間周波数はこの逆数より2.9（単位は$[m^{-1}]$）と与えられる。

通常の議論では周波数および周期は時間に関する量，波長が空間に関する量とされるが，画像の取扱いなどでは空間周波数も重要な定数となる。

1.4 人の心理現象の定量化法

本書で扱うマルチメディアシステムは，人の意思，人のための情報のコミュニケーションのためのメディアと位置づけている。

人の用いる機器，装置を設計するには，人の心理現象を数値化して設計に反

映させ，また，システムの評価のよりどころとする必要がある。その手段となる心理現象を定量化する技術，例えば物理的な刺激に対する人（被験者）の判断を数量化してデータとする手法は**計測心理学**（psychometrics）に属し，マルチメディアシステム技術における重要な道具となる。人の判断は物理現象の計測に比べあいまいさを伴うので，データの再現性，信頼性を確保するため多数の被験者により多数回の，また多様な実験を行わなければならない。

1.4.1 心理量の尺度化

複数種類の刺激に対する人の主観的な判断を数値として表す。これを「感覚量」と呼ぶ。例えば，2種のケーキを用意して好きなほう，嫌いなほうを判断させ，「好き」，「嫌い」のカテゴリー（分類，範ちゅう）を数値「1」，「0」に対応させれば順序のある感覚量となる。しかし，感覚量は物理量に比べ数値化の基盤が明確なものではないので，つぎのような基本的な性質を吟味する必要がある。

- 同　一　性：同じ・違うが明瞭であること，同じ判断を表す分類が存在すること。上記のような二者択一であれば判断が対称的であること。
- 順　序　性：同一性を満たし，さらに大小の順序があること。
- 加　法　性：順序性を満たし，さらに四則演算（$+$，$-$，$\times$，$\div$）ができること。

これらの性質の成立可否により，数値はつぎのような尺度に分類できる。

（1）**名義尺度**（nominal scale）　　カテゴリーが同一性を満たしており，グループ分けができる尺度。これだけでは数値化はできない。

（2）**順序尺度**　　カテゴリーが順序性を満たしており，一次元に配列できる尺度。順序を数値で表せば中央値を求めるなどの数学的操作ができる。

一見，順序があるようにみえて，じつはこれを満たさない例がある。例えば「じゃんけん」の「ぐう」，「ちょき」，「ぱあ」は区別はできるが順序をつけて配列できないので，名義尺度ではあるが順序尺度ではない。

（3）**距離尺度**　　カテゴリーを表す量が加法性を満たしている尺度。相

互の距離を数値化でき，等間隔が定義できる．したがって，平均，分散，相関係数などほとんどの数値演算が可能となる．

しかし，数値そのものは相対量であり，基準のとり方で変わるので，A/B というような数値の比率を問題にするのは無意味となる．例えば，摂氏で表示した温度（℃）と絶対温度（K：ケルビン）は基準（0度）の定義が異なるので，同じ暖かさでも数値が異なるが，いずれで表しても温度差は同じ数値となる．したがって温度目盛は一般に距離尺度である．

（4）**比率尺度** カテゴリーを表す量が絶対的原点をもち，A/B というような数値の比率を問題にすることができる尺度．長さ，質量など多くの物理量は 0 を物理的に定義できるので比率尺度に属する．絶対温度も物理的に明確な 0 度が定義されるので比率尺度となる．

1.4.2 心理現象の性質とウェーバー・フェヒナーの法則

等しい感覚変化を起こさせるには，刺激とする物理量は一定の比（差ではない）で変化させなければならない．これが**ウェーバー**（E. H. Weber）**の法則**として知られている．いま，感覚を起こさせる刺激量を S とするとき，この法則は式 (1.13) で数値表示できる．

$$\Delta S = KS \tag{1.13}$$

ただし，K は定数である．変形してつぎの式 (1.14) で表すこともできる．

$$\frac{\Delta S}{S} = K \text{（定数）} \tag{1.14}$$

この法則は，例えば長さ 10 cm と 20 cm は誰がみても違うが，同じ 10 cm 差の 1 m と 1 m 10 cm はそれほど違ってみえない，同じくらい違ってみえるのは 1 m と 2 m の関係である，と主張するものである．

感覚的に区別できる最小の刺激差は，刺激の大きさに比例する．これが**フェヒナー**（G. T. Fechner）**の法則**として知られている．この法則は，感覚量を R，感覚を起こさせる刺激量を S とするとき，式 (1.15) のように数式表示される．ただし，c は比例係数である．

$$\delta R = c \frac{\delta S}{S} \tag{1.15}$$

この法則は，例えば長さ10 cm の伸縮できる棒があるとき，人が気づく最小の伸縮量が3 mm だったとすれば，長さ1 m の棒では人が気づく最小伸縮量は3 mm ではなく3 cm である，と主張するものである。

フェヒナーの法則はウェーバーの法則と関連するとみなされるので，この式を積分した式

$$R = c \log_e S + A \tag{1.16}$$

を**ウェーバー・フェヒナーの法則**と呼ぶ。ただし，A は積分定数である。

A の値は感覚 R が0のときの刺激（絶対閾(いき)）とすることが多い。これを S_0 とすると

$$R = c \log_e \left(\frac{S}{S_0} \right) \tag{1.17}$$

となる。

人の主観評価値はおおむねこの法則に従うので，刺激とする物理量は対数（例えばdB値）で表示すると便利である。

1.4.3 評定尺度法（オピニオン評価）

5段階，7段階などのカテゴリー（範ちゅう）で対象を主観評価する方法で，人の感覚，判断を定量化する道具としてよく用いられる。**表1.3**のように五つ

表1.3 オピニオン評価の尺度

カテゴリー（評点）	品質尺度の例	基準と比較した劣化尺度の例	妨害度尺度の例
5点	非常によい	劣化が認められない	妨害の有無がわからない
4点	よ い	劣化が認められるが気にならない	妨害がわかるが気にならない
3点	普 通	劣化がわずかに気になる	妨害がわかるが邪魔にならない
2点	悪 い	劣化が気になる	妨害が邪魔になる
1点	非常に悪い	劣化が非常に気になる	妨害がひどく受容不能

のカテゴリーに分類する方法が一般的である．評点を4，3，2，1，0点とする例もある．また，劣化や妨害を尺度化する場合には0，−1，−2，−3，−4点を用いることもある．

　なるべく一般的な結果を得るため，1種類の刺激に対して多数回の実験を行ってデータとする．判断がばらつくので，平均値を求めて評価量とする．これを **MOS** (mean opinion score，平均オピニオン評点）と呼ぶ．この方法は主観評価の数量化法として最も基本的なもので，マルチメディアシステムの評価手段として広く使われている．MOS は順序尺度となる．

　一定の仮定を設けて MOS 値を数値解析し，距離尺度に変換する技術がある．これを系列範ちゅう法と呼ぶ．例えば

- ある刺激に対する人の判断を表す心理量は正規分布する（中心極限定理が成立する），
- その分散は刺激の変化によらず一定である，

と仮定すると，MOS 値を距離尺度の心理量に変換できる．

1.4.4　精神物理学的測定法

　評定尺度法は主観評価の数量化法として最も基本的なものだが，人の評価のよりどころを明瞭に知ることが難しく，物理量との関係を知るには困難が伴う．このため，判断基準を明確化しやすい測定法として被験者に良否のような主観的な判断をさせず，用意された物理的な刺激を被験者に与えて

　　　「ある」，「ない」
　　　「気がつく」，「気がつかない」
　　　「大きい」，「等しい」，「小さい」

のようなカテゴリーで判断させ，多数回の実験により得られたデータを統計処理することにより感覚を定量化する手法が開拓されている．この方法により

- **刺激閾** (stimulus limen)：感覚が生じる，生じないの境界に相当する刺激（絶対閾とも呼ばれる），
- **弁別閾** (differential limen)：感覚で区別できる最小の刺激の差異．「ちょ

うど可知差異」と呼ぶとわかりやすい,
のような感覚における閾 (threshold) を測定することができる。こうした定量化と再現性を重視する手法を精神物理学的測定法と呼ぶが，人の判断の仕組みをブラックボックスとして現象のみを把握する手法であり，物理学として徹底したものではない。

実際の測定は，つぎのような方法で行われる。いずれも複数回測定して平均値より測定値を求め，必要に応じて判断のばらつきを考慮した信頼幅，被験者の疲労の影響などを統計的に吟味する。

（1）調整法 被験者に標準刺激を提示し，さらに被験者が自由に変化できる比較刺激を与えて標準刺激と同じと判断されるように調整させる。比較刺激は明らかに「大きい」,「明るい」のような初期値からの下降系列と,「小さい」,「暗い」のような初期値からの上昇系列とを交互に配列し，また初期値をランダムに変化する必要があるので実験者が設定する。

（2）極限法 刺激閾を求める場合は，存在を明らかに知覚できる初期値から一定のステップで刺激量を順次下降させながら被験者に提示し，知覚できないという判断に変わる点を求める。一方，明らかに知覚できない初期値から刺激量を順次上昇させながら被験者に提示し，知覚できるという判断に変わる点を求める。これを繰り返してから平均値より刺激閾が得られる。上昇時の平均値と下降時の平均値の差異も参照すべきデータである。被験者は判断のみを行う。

弁別閾を求める場合は標準刺激，比較刺激の順で提示しながら後者を順次変化し，比較刺激が明らかに「大きい」,「明るい」と判断される領域，「同じ」と判断される領域,「小さい」,「暗い」と判断される領域の境界を求める。

（3）恒常法 種々の定数の刺激，または差異が種々の値をとる刺激の対を被験者にランダムに多数提示して判断させ，結果から刺激閾または弁別閾を求める方法で，特に弁別閾の測定に広範に用いられる。精神物理学的測定法としては最も正確な測定が期待でき，適用範囲が広いとされているが，一般に実験の規模が大きくなり，被験者の負担も大きくなりがちなので注意を要す

る。
　2章で述べる人の感覚の定量的な性質は，このような方法で多くの被験者を集めた実験により求められたものである。

レポート課題

1. 「30 cm」と聞くと大ざっぱな長さがイメージできる。ほかの尺度に関しても基本的な値をイメージできることはエンジニアの大切な資質である。
   （1）　手に何グラムのものを載せたときに重力が 1 N となるか考察せよ。
   （2）　300 Hz，1 000 Hz，3 000 Hz の音の高さを音楽の五線譜に音符のおよその位置で記し，音楽で用いられる音域との関係を考察せよ。
2. 時間領域において時間の原点に関して偶関数となる波形はフーリエ変換すると実数関数になり，奇関数となる波形は虚数関数となる。その理由を考察せよ。

2 音声と音楽, 聴覚と視覚

2.1 人の音声と音楽信号

2.1.1 音声生成部の構造と音声の大きさ

人の声は意思, 感情などを伝達するための重要なメディアである。ここではマルチメディアシステム技術の観点から声の性質を概観しよう。

人の声は息 (呼気) により生成され, 有声音と無声音に大別される。音声器官の概略を図 2.1 に示す。有声音は周期音で, 気管内の気流による声帯の振動により発生された周期パルス上の音が, 口や鼻の空間の共鳴などで周波数特性の変化を受けて放射される。無声音は口の内部での狭め, 開閉などにより摩擦音, 破裂音などの形でつくられる。**母音** (vowel, 日本語では/a/, /i/, /u/,

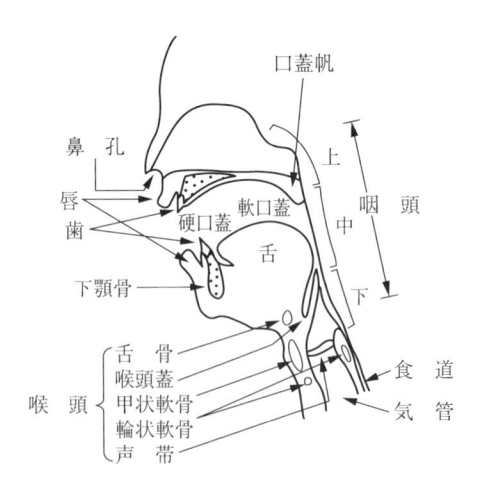

図 2.1 人の音声器官の概略

/e/，/o/の5種) は有声音であり，**子音** (consonant) には有声音と無声音の両者がある。

人が普通に発声したときの正面1m位置での声の音圧レベルの，休止部分を除く平均値を図2.2に示す。発声レベルには個人差があるが，おおむね最大60 dB程度となっている。電話などで相手との距離を意識して話すときには音圧レベルがやや上昇するので，60〜64 dB程度を代表値と考えることが多い。

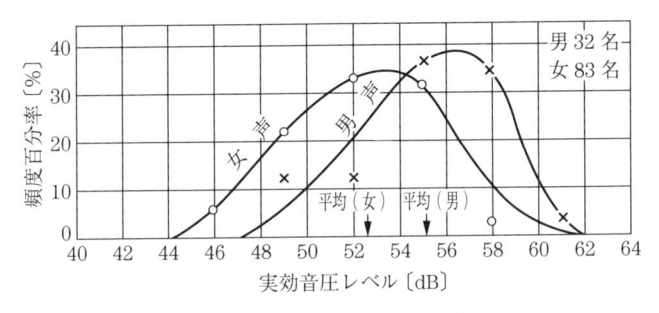

「本日は晴天なり」と発声した場合

図2.2 人の話し声の正面1mでのレベル〔三浦種敏 編：新版 聴覚と音声，p.295，電子情報通信学会 (1980) より〕

後述するように音声のパワーの大部分は比較的低い周波数領域にあり，その波長に比べて口の大きさは小さい。このため，人の声は口を中心とする球面波に近い形で空間に放射される。したがって，声の大きさは口からの距離に概略反比例するので，上記の結果から逆算すると，口元3 cm程度の位置に置かれたマイクロホンには約90〜94 dB (1 Pa，大気圧の10万分の1) 程度の音圧が加えられていることになる。

2.1.2 音響信号としての母音と子音

声帯の振動で生成される音はパルス列状の周期波であり，その周波数成分は基本周波数 (通常の会話では男声で100〜150 Hz，女声で260〜360 Hz) の整数倍の成分を数多く含むので，図2.3に示すように線スペクトル状となる。これが口，鼻を経て放出されるときに，口の内部の形状で決められる共振特性に

22 2. 音声と音楽，聴覚と視覚

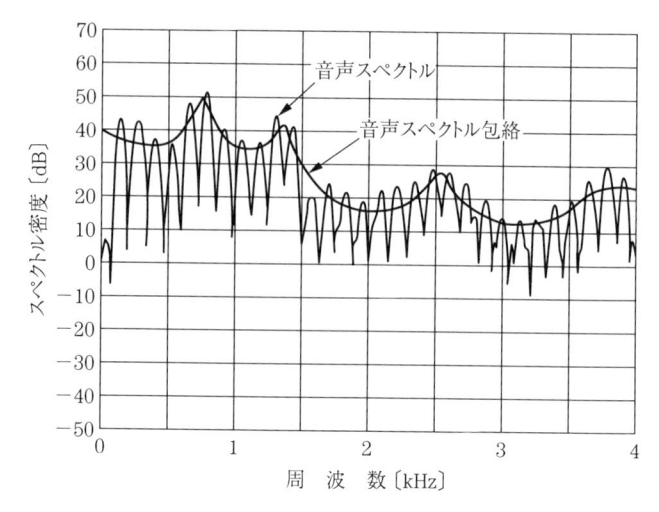

図 2.3 母音のスペクトルとその包絡〔北脇信彦：ディジタル音声・オーディオ技術，電気通信協会，オーム社 (1999) より〕

より高調波成分の振幅分布が変化する．この変化は図に示したスペクトルの包絡線を観察するとわかりやすい．

　日本語の 5 母音の周波数スペクトル包絡の概要を図 2.4 に示す．いずれも細かい共振峰（線スペクトル）の包絡線に顕著なピークがみられる．これはそれぞれの母音を発声するときの口の形状により与えられるもので，**ホルマント** (formant) と呼ばれ，周波数の低いものから第一ホルマント，第二ホルマン

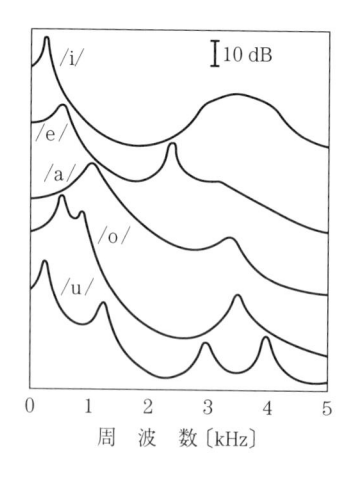

図 2.4 5 母音の周波数スペクトル包絡の概要〔三浦種敏 編：新版 聴覚と音声，p. 322，電子情報通信学会 (1980) より〕

ト…と称される。人はホルマントの構成によって/a/, /i/, /u/, /e/, /o/を区別しているわけである。

子音の例として/s/, /ʃ/の周波数スペクトルの平均値の例を**図2.5**に示す。いずれも雑音性の無声音なので有声音のような線スペクトル構造はみられず，連続スペクトルとなる。

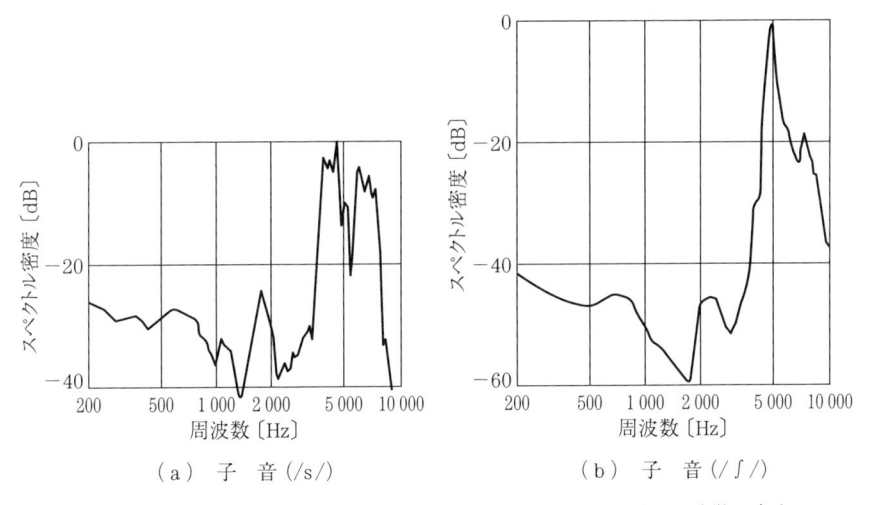

(a) 子音(/s/)　　　(b) 子音(/ʃ/)

図2.5 子音の周波数スペクトルの平均値の例〔三浦種敏 編：新版 聴覚と音声，p. 329，電子情報通信学会 (1980) より〕

母音には比較的低周波数の成分が多いのに比べ，ここであげた摩擦音の子音では5 kHz前後の成分が優勢である。摩擦音，破裂音など白雑音に近い音が子音の主要な要素であり，したがって一般に，母音を重視するときには比較的低い周波数成分が，子音を重視するときには高い成分が重要となる。

音声信号では，パワーの面からも時間率の面からも母音を主とする周期波が優勢である。周期波の瞬時値は前後の値からある程度予測することができるので，信号としては冗長なものである。モバイル電話システムのような音声信号のみを対象とするディジタルシステムでは，この性質を利用した信号圧縮が行われる。

2.1.3 音響信号としての音楽

マルチメディアシステムの扱う音響信号として，音声のほかに音楽信号があげられる。

音楽信号の周波数，振幅の変化範囲は音声に比べて非常に広い。種々の楽器と歌声の基本周波数を図 2.6 に示す。会話音声の基本周波数よりはるかに広い領域にわたっている。さらに，音楽信号には豊かな高調波成分が含まれ，その上限は可聴限界（約 20 kHz）を超える例も多い。

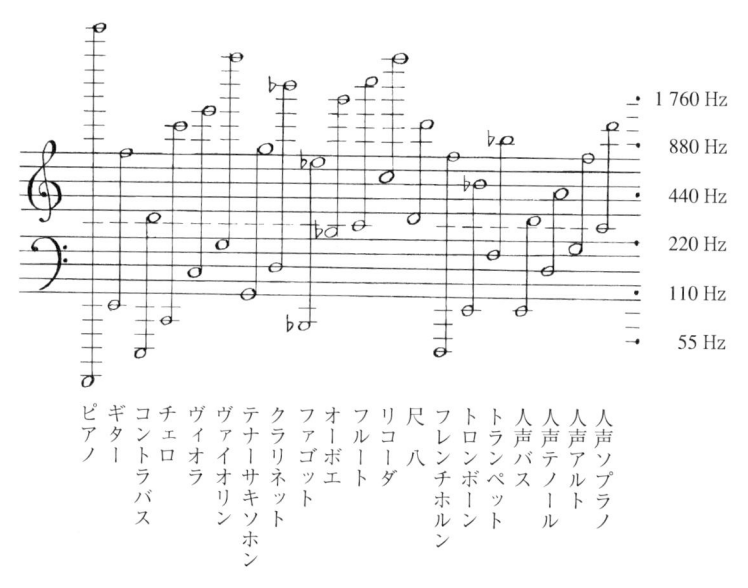

ここでは，周波数の基準として高音部第 2 間の a_1 音を 440 Hz としているが，最近の音楽演奏では a_1 音を 442 Hz 程度として楽器を調律することが多い。

図 2.6　楽器および歌声の基本周波数の範囲

また，音楽信号は大きさの分布も幅広く，室内騒音に近い小さな音から最大可聴限以上の大きな音まで存在する。したがって，音楽信号を対象とするシステムは原則として，人の耳に聞こえるすべての周波数，振幅の音を対象としなければならない。

2.2 人の聴覚機能

2.2.1 耳の構造：マイクロホンとの対比

耳の機能は入射した音の信号を身体内の電気信号に変換することであり、マルチメディアシステムに用いられるマイクロホンの機能と相似である。

大量に生産されている汎用のエレクトレットコンデンサマイクロホンの構成例を図 2.7 に示す。円筒形で、直径は約 6 mm 程度が一般的である。振動膜と背極とは平行平面コンデンサを形成しており、エレクトレット膜に静電荷が蓄えられているので、コンデンサの電極間には電位が発生している。図の上方から入射した音により振動膜が振動すると、これによる電気容量の変化に比例した電位変化が変化するので、膜の変位に応じた交流電圧信号が内部の IC (integrated circuit) で電力増幅されて下面の電気端子に出力される。

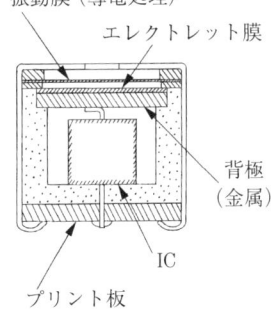

図 2.7 エレクトレットコンデンサマイクロホンの構成例

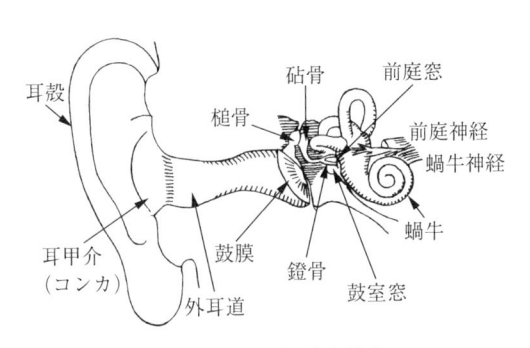

図 2.8 人の耳の内部構造

図 2.8 に人の耳の内部構造を示す。マイクロホンの振動膜に相当するのは外耳道の奥にある鼓膜であり、これが外耳道に入射した音を受けて振動する。この振動が耳小骨と呼ばれる槌骨、砧骨、鐙骨を経て前庭窓に伝わり、蝸牛のなかを縦に二分するように配置された基底膜を振動させる。基底膜上には脳に至る神経系の端末となる神経細胞が数万個並んでおり、それぞれがこの振動

を検出して電気信号を発生する。したがって耳はマイクロホンと異なり,信号をある程度分析する機能をもっている。このため出力となる電気信号は同時に一つではなく非常な多数であり,これらが並行して脳に送られ,さらに高度に分析されることになる。

　基底膜の振動振幅の分布を**図 2.9** に模型化して示す。巻き貝状の蝸牛を引き伸ばして表示してある。振幅分布形状は周波数により異なっており,入射した音の信号はここで周波数分析されて脳に送られる。図 2.9 は von Běkěsy の古典的な研究に由来するものだが,最近の研究により,生体の聴覚機能では周波数分解能を大幅に上げるような処理が行われていることがわかってきた。

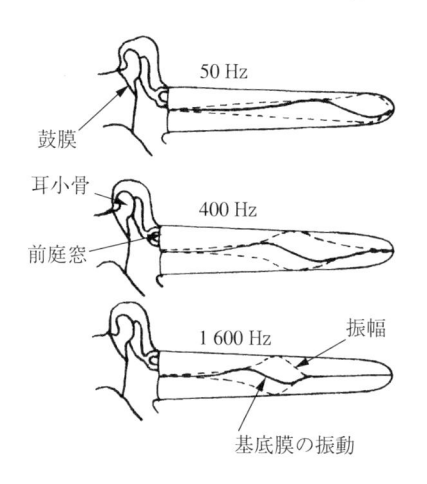

図 2.9　基底膜の振動振幅の分布

2.2.2　耳に聞こえる音の大きさと高さ

　同じ物理的な音圧の音でも人の耳の感度は周波数により異なる。正弦波音に対する耳の特性を表す**聴感曲線**(最近改正された新 ISO 規格による)を**図 2.10** に示す。縦軸は音圧レベルで純粋の物理量である。それぞれの曲線は人の耳で同じ大きさ(ラウドネス)に感じる音圧レベルを表す。例えば,1 000 Hz,40 dB の正弦波音と 125 Hz,63 dB の正弦波音は同じ曲線に乗っているので,同じ大きさに聞こえることになる。この大きさを 1 000 Hz での音圧レベル値で代表させ**ホン**(phon)で表す。例えば,125 Hz,63 dB の正弦波音の

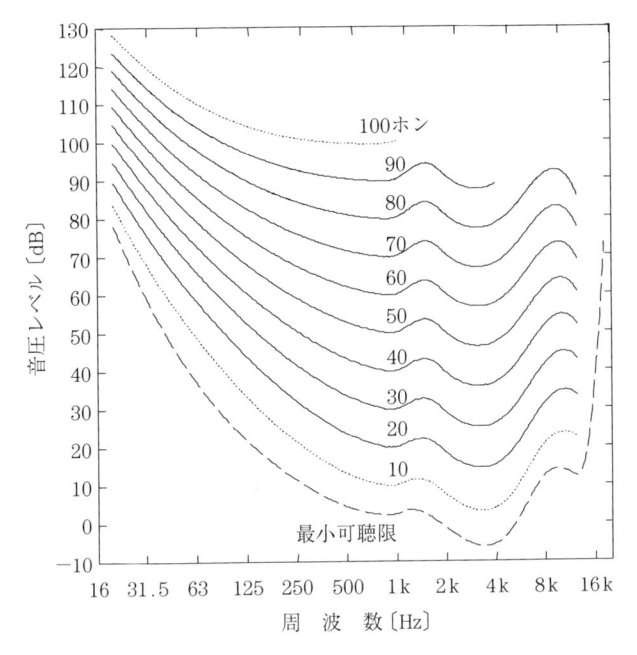

鈴木と竹島による ISO 226 (2003) 曲線

図 2.10 人の聴覚の等感曲線〔鈴木陽一教授より提供された ISO 226 (2003) 原図より〕

大きさは約 40 ホンとなる。

図 2.10 より，人の耳は 10^3 倍にわたる比周波数範囲の音を，10^{14} 倍にわたる強さの範囲で聞いていることがわかる。また，耳に聞こえる最小の音は図の破線で表され，最小可聴限と呼ばれる。なお，人の耳の感度は 3〜4 kHz で最も高い。これは外耳道内の空気の共振によるといわれている[†]。

2.2.3 聴覚マスキング

ある周波数の大きな音があると，それに近い周波数の音が聞こえにくくなり，最小可聴限（図 2.10 の破線）が上昇する。これを**聴覚マスキング**と呼び，**マスキング**（masking）と略称する。

[†] 等ラウドネス曲線としては Robinson-Dadson 曲線が 40 年にわたり用いられてきたが，2003 年の国際規格 (ISO 226) 改正にあたり，鈴木と竹島の曲線に置き換えられた。

図 2.11 はマスキング現象の説明図であり，横軸は周波数，縦軸は最小可聴限の上昇量を表す。図（a）のように周波数 f_0，音圧レベル β_N〔dB〕の正弦波音が別の正弦波音をマスクする場合を考える。二つの正弦波音が近い周波数になるほど最小可聴限が実線のように上昇する。周波数が等しくなれば最小可聴限の上昇量は β_N に一致するはずだが，実際には周波数が非常に近いとビート（ふわつき）音が感じられるので検知しやすくなり，最小可聴限は実線のようにやや下降する。

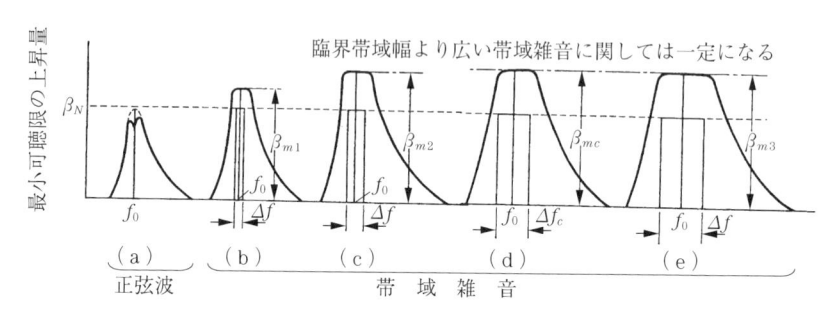

図 2.11 聴覚マスキング現象

図（b）〜（e）に示すように，白色（一定連続スペクトル）の帯域雑音による正弦波音のマスキング現象は図（a）とはやや異なる。帯域雑音の中心周波数を f_0，帯域幅を Δf，1 Hz 当りのパワーを β_N〔dB〕とすると，最小可聴減の上昇量はそれぞれ実線のようになり，f_0 付近では β_N より大きくなる。この差 $\beta_m - \beta_N$ は，両信号のパワー比に対応する。例えば，白色雑音の帯域幅が 10 Hz ならこの差は 10 dB となる。

しかし，帯域幅 Δf がある値 Δf_c より広くなると上昇量 β_m は増加せず一定となる。この境界の帯域幅を**臨界帯域幅**（critical bandwidth）と呼び，聴覚の特性量として知られている。マスキングに関与するのは臨界帯域幅の範囲の周波数成分のみである。

周波数と臨界帯域幅との関係を図 2.12 に実線で示す。これは Zwicker らによるもので，その後の研究により修正提案もあるが，後述する高能率符号化ではこれを参照している。黒点は比較のための 1/3 オクターブ帯域幅を示すもの

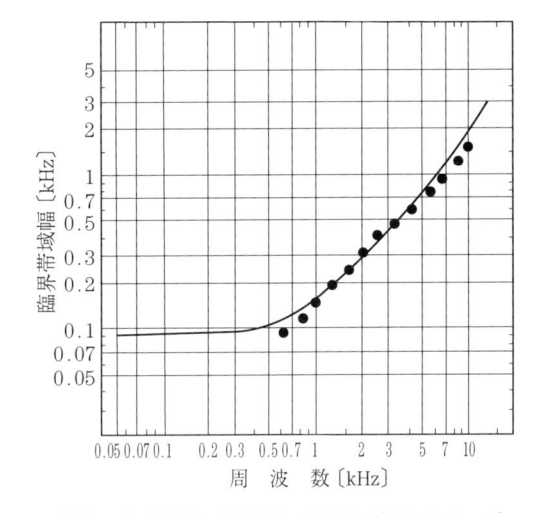

比較のため特定の周波数における 1/3 オクターブ
帯域幅を黒点で示す。

図 2.12　周波数と臨界帯域幅の関係

である。1 000 Hz 以上では臨界帯域幅はおおむね 1/3 オクターブ帯域幅に近くなると考えてよい。

聴覚マスキングの性質は，ディジタルシステムにおける音響信号の圧縮に用いられる。

2.2.4　両耳効果とステレオホニック

人は音の大きさ，周波数のみならず入射方向も認識することができる。一般にこの能力は目の方向知覚からの類推で，耳が左右二つあるためと考えられてきたが，上下の方向も知覚できる，片耳でも入射方向がある程度知覚できるなどの事実より，人は頭部や耳介 (耳たぶ) の音場効果など両耳以外の手掛かりも利用していることがわかった。

また，人は図 2.13 の A，B のように左右に並べた二つのスピーカから同じ信号を放射すると中央 C に音源があるように感じる。これを虚音像と呼ぶ。2チャネルステレオ方式が大きな実用性を発揮している理由は，こうした耳の特性を用いて仮想音場を形成できることにある。これは視覚における色の三原色

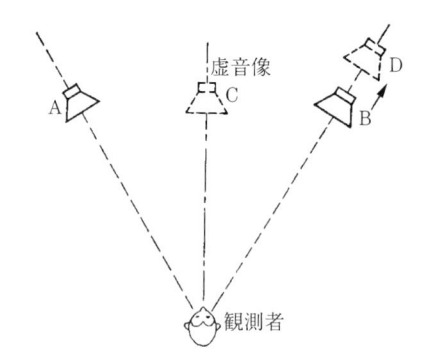

図 2.13　虚音像の発生と先行音定位効果

合成による知覚に対比される，人の知覚の興味ある性質である．左右のスピーカは正面に対して左右それぞれ 30°の方向に置くのが標準的とされている．

さらに，スピーカ B を 34 cm（音が 1 ms かけて走る距離）後退させて D に移すと，音像は A の位置に移動する．これを先行音定位効果（ハース効果）と呼ぶ．このとき，D の出力を 5 dB 増やすと音像は C の位置に戻る．このように，人の耳の方向知覚では時間とレベルとはトレードオフの関係になっている．

この性質を用いると，振幅のみを変化して音像の定位を制御することができる．このため，録音を多数のチャネル（例えば数十チャネル）で行い，後でこれらの信号の音量などを調整してミックスダウンし，少数チャネルの信号にまとめることが広く行われている．

2 チャネルを用いた音響信号の伝送，記録，再生方式には，記録方法（マイクロホンの使い方），再生方法（スピーカかヘッドホンか）に応じて表 2.1 のような分類がある．ステレオホニックとバイノーラルを総称してステレオと呼ぶことがあるが，前者を前提に録音された信号を後者で再生すると音源が頭のなかに定位してしまうなど，両者の聴感には差異がある．

BS (broadcasting satellite) ディジタル放送，DVD (digital versatile disc) の普及とともに 5 チャネル（前 3，後 2）を用いる多チャネルステレオホニック方式が用いられるようになった．ITU-R (International Telecommunication Union Radiocommunication Sector) より勧告されている標準配置は 2 チャネ

表2.1 種々の2チャネル記録再生方式

	記 録 方 法	再 生 方 法
ステレオホニック (stereophonic)	空間の2点にそれぞれマイクロホンを配置して記録	二つのスピーカを左右に配置して音場で聴取
バイノーラル (binaural)	同上。ただし，HATS* を用い，両耳の位置にマイクロホンを配置して録音するのが合理的とされる	2チャネルのヘッドホンを用いて聴取
モノホニック (monophonic)	空間の1点にマイクロホンを配置して記録	一つのスピーカを用いて音場で聴取
モノーラル (monoaural)	同　　上	イヤホンを用いて片耳で聴取

＊：head and torso simulator：人の上半身の模型（IEC技術報告での名称）。ハッツと読まれる。オーディオ業界ではダミーヘッドと呼ばれることもある。

ルステレオ方式の前方左右のスピーカを正面左右40°に置き，これに加えて正面および後方左右それぞれ70°の方向にスピーカを追加し，計5チャネルとするもので，五つのスピーカへの距離は同じ値とする。

すべてのスピーカに最低音まで再生させると大形のスピーカが多数必要になり，また，人の耳は150 Hz以下の低周波数の音に対しては方向感覚がないとされているので，低周波数の放射を受け持つスピーカ（サブウーハ，位置は任意）を別に設置する，いわゆる5.1サラウンドステレオホニック方式が受け入れられている。サブウーハを用いれば，本来の5チャネルのスピーカは極低音の放射を省略して小形化することができる。

2.3 人の視覚機能

2.3.1 目の構造：カメラとの対比

図2.14にカメラの構成の概要を示す。凸レンズで撮像面に形成される実像をフィルムの感光材料で記録するか，半導体撮像素子で電気信号に変換する。レンズは材料の異なる複数のレンズ素子を組み合わせてひずみや色ずれを補正し，理想的な1枚の凸レンズとして動作するように構成される。絞りはレンズの口径を変化し，入射する光量を調整するものである。撮像面は銀塩フィルム

または半導体感光素子で，長波長（赤），中波長（緑），短波長（青）または白からこれらを減算したシアン，マゼンタ，黄に感度のピークをもつ3種類の素子（フィルムの場合は3層）の組合せからなる。

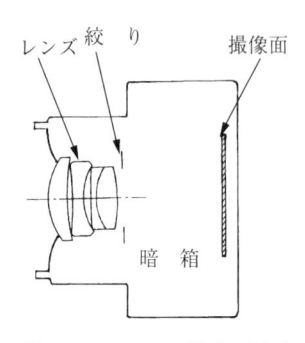

図 2.14 カメラの構成の概要　　図 2.15 人の目の構造

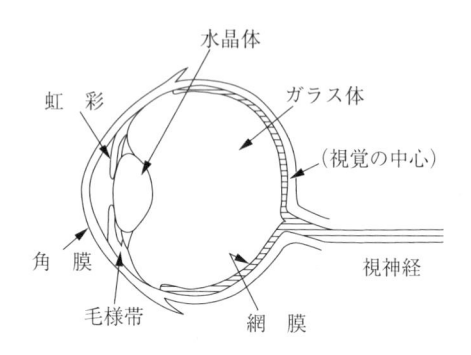

人の目の構造の概略を図 2.15 に示す。丸い部分が眼球でカメラと同様の構成となっており，水晶体がレンズ，虹彩が絞り，網膜が撮像素子に相当する。網膜はカメラの撮像面に比べ広いので，目の視野は左右 ±90° 以上，上下 ±60° に達する。網膜には錘体，杆体（桿体とも記す）の2種の視細胞がある。錘体は中心から 1° 以内の狭い範囲にあり，明るいときに働く。これは赤，緑，青に感度のピークをもつ3種類で色を弁別する機能があり，カメラの三原色分解による撮像方式の根拠となる。杆体は周辺に多く分布し，暗いときに働く。

水晶体は1枚の凸レンズである。カメラでは焦点（ピント）調節はレンズの移動によるのが主流であるが，目では毛様帯により水晶体の厚さを変化し，焦点距離を調節する。虹彩は入射光量を調節する。水晶体による実像は網膜で電気信号に変換され，神経を通して脳に送られる。

2.3.2　目の分解能

ものの細部を見分ける能力を視力という。視力の測定手段として，図 2.16 のようなランドルト環が知られている。視角 1′ の切れ目を見分ける能力を視力1とする。正常な人の視力は1とされている。

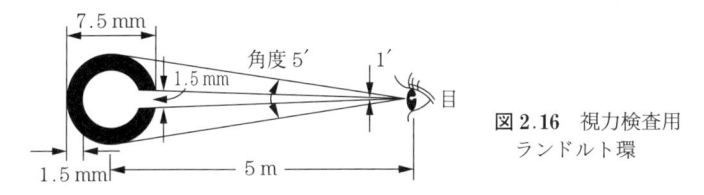

図2.16 視力検査用ランドルト環

米国やわが国のテレビジョン方式の標準となっているNTSC (National Television System Committee) 方式では走査線の数を525本としている。視力1の人がこの画面を見て走査線が気にならない最短距離は，画面の高さの6〜8倍となる。

人の目の感度周波数特性を表す標準比視感度曲線を**図2.17**に示す。明所視と暗所視とで異なるが，おおむね波長380〜700 nmの範囲の光を見ることができる。したがって比周波数帯域は2倍弱である。一方，明るさの範囲は晴れた日なたの10万lx以上から月明かりの夜の0.001 lx程度まで，10^8の範囲を見ることができる。

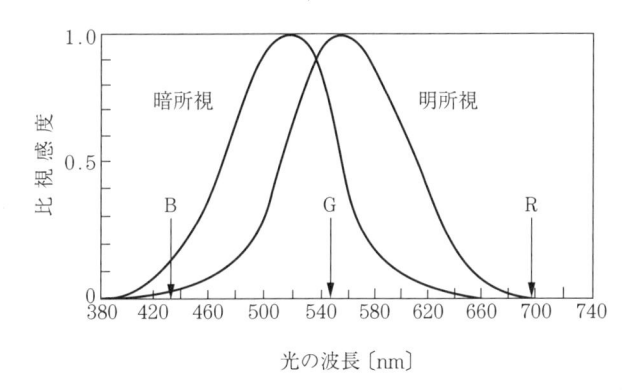

図2.17 人の目の標準比視感度曲線

2.3.3 色感と三原色

図2.17に示したように人の目は700〜380 nmの範囲の波長の光（電磁波）を感じることができる。波長は色に対応しており，虹の七色といわれる赤，橙（だいだい），黄，緑，青，藍（あい），すみれ（青紫）の色の光がこの波長の範囲に連続して並んでいる。この並びを光のスペクトルと呼ぶ。また，特定の波長に対応する

光は単色光と呼ばれ，その組合せで白を含む種々の色が表現される。

しかし人の目には，赤，緑，青の三つの色の光を組み合わせ，それぞれの強さを調節することにより，白をはじめとして可視光に属するほとんどの色を認識させることができる。これは，聴覚において左右二つのスピーカのみで音源を種々の位置に定位して感じさせることができるステレオ受聴と対比される興味ある性質であり，写真，映画，テレビジョンなどによるカラー画像の伝送，記録，再生に活用されている。

CIE（国際照明委員会）ではこの三色の波長を，図 2.18 に示すように赤（R）：700 nm，緑（G）：546.1 nm，青（B）：435.8 nm と決めた。G，B は低圧水銀灯で得られる光であり，R は図 2.17 の明所視の長波長側の限界に近い。これを RGB 表色系と呼ぶ。$R:G:B = 243.9:4.697:3.506$ という強さの比で混合すると，目では白色に感じられる。

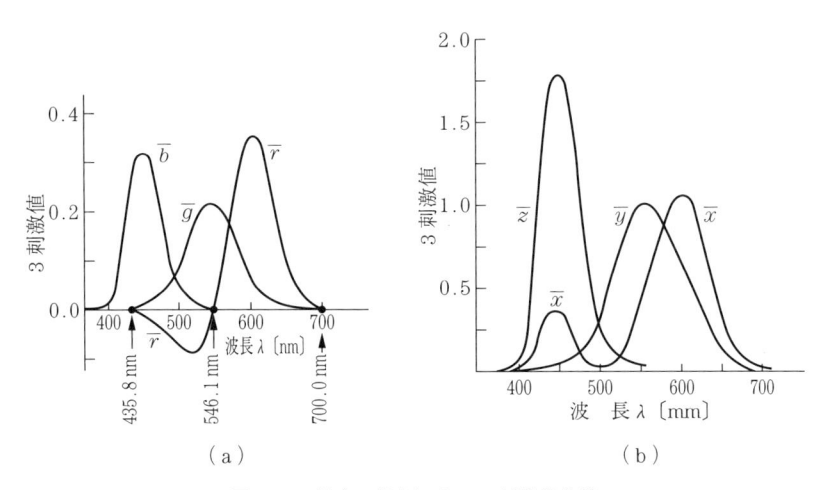

図 2.18　純色と等価となる 3 刺激値曲線

ある色の光サンプルと同じ色感を与える上記三色の混合比を実験で求めると図（a）のようになる。ただし，縦軸は上記の白色となる組合せで正規化してある。ここで 500 nm 付近（青緑色）だけは三色加算で表現できず，逆にサンプル光に赤光を加えることにより同じ色感の組合せが得られたので，係数が負

となったものである。

そこで，R，G，Bの強さの値を

$$\begin{bmatrix} X \\ Y \\ Z \end{bmatrix} = \begin{bmatrix} 2.7689 & 1.7518 & 1.1302 \\ 1.0000 & 4.5907 & 0.0601 \\ 0 & 0.0565 & 5.5943 \end{bmatrix} \begin{bmatrix} R \\ G \\ B \end{bmatrix}$$

と変換するとスペクトル曲線は図（b）のようになり負の係数が現れない。これをXYZ表色系と呼ぶ。ここで

$$x = \frac{X}{X+Y+Z}, \quad y = \frac{Y}{X+Y+Z}, \quad z = \frac{Z}{X+Y+Z} \quad (2.1)$$

と変換し，全体の明暗の値で正規化してある。

明暗の要素を除いたため，これらの x，y，z の間には

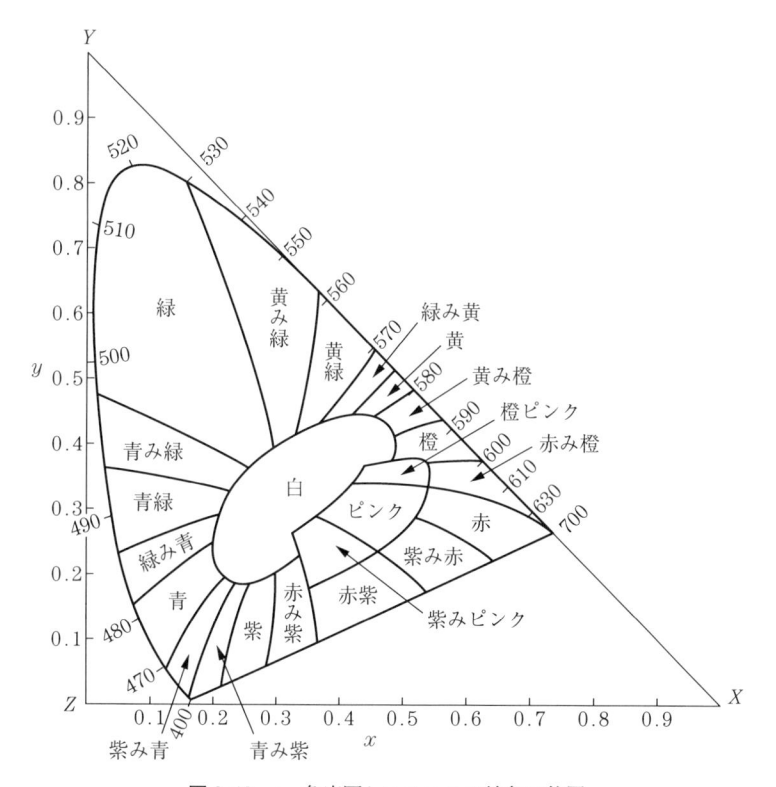

図 2.19 xy 色度図といろいろの純色の位置

$$x + y + z = 1 \tag{2.2}$$

が成立するので，いずれか二つで色を表すことができる．x と y による直交座標系で表すと図 2.19 の xy 色度図のようになる．3 けたの数字はその色（純色）の光の波長を表す．

図の外周は左に傾いた釣鐘状の曲線と下辺の直線からなる．曲線は単色光軌跡（スペクトル軌跡）と呼ばれ，その上に赤～すみれ色まで，700～380 nm の範囲の波長に対応する色が並んでいる．これらの単色光の色（純色）の組合せ（混色）で内部の種々の色が表される．下辺は純紫軌跡と呼ばれてすみれ色と赤との混色を表し，紫色はこの範囲にある．なお，図では便宜上異なる色の間に境界線を示してあるが，実際には連続変化である．

しかし，前述したように，人の目は 3 種の単色光を混合して種々の色の光を感じさせることができる．赤，緑，青よりほかの色をつくることを加法混色と呼ぶ．加法混色では色を加えると明るくなり，すべて混合すると白になる．これ対して，インクや絵の具を用いて紙に印刷，描画する場合もやはり 3 種の色でほとんどの純色をつくれるが，色を加えると暗くなり，すべて混合すると黒になる．これを減法混色という．減法混色では黄，シアン（青緑），マゼンタ（赤紫）を用いる．なお，両者の概念を図 2.20 に示す．

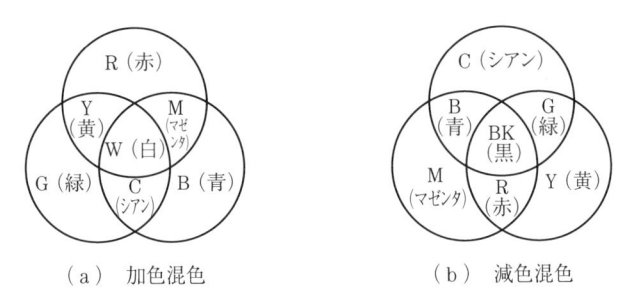

(a) 加色混色　　(b) 減色混色

図 2.20　混色の概念

テレビジョンやコンピュータのディスプレイ，写真のリバーサルカラーフィルムでは加法混色を用い，カラープリントや写真のネガカラーフィルム（ベースが橙色なのでわかりにくいが）は減法混色となっている．

2.3.4 フリッカの感覚

断続する光は目にちらつきを感じさせる。これを**フリッカ**（flicker）と呼ぶ。

図 2.21 は明るさを正弦波で振幅変調した光のちらつきの視覚的検知限である。図 (a) は検知限となる変調度と変調周波数との関係を示し，点が上にあるほど閾値変調度が小さな値となる（低い変調度でも気が付く）ことを表す。パラメータの troland は網膜照度の単位である。目は 10〜20 Hz の変化に対して最も鋭敏であり，50 Hz 以上ではちらつきを感じにくくなることがわかる。

（a）変調度と変調周波数　　（b）臨界フリッカ周波数

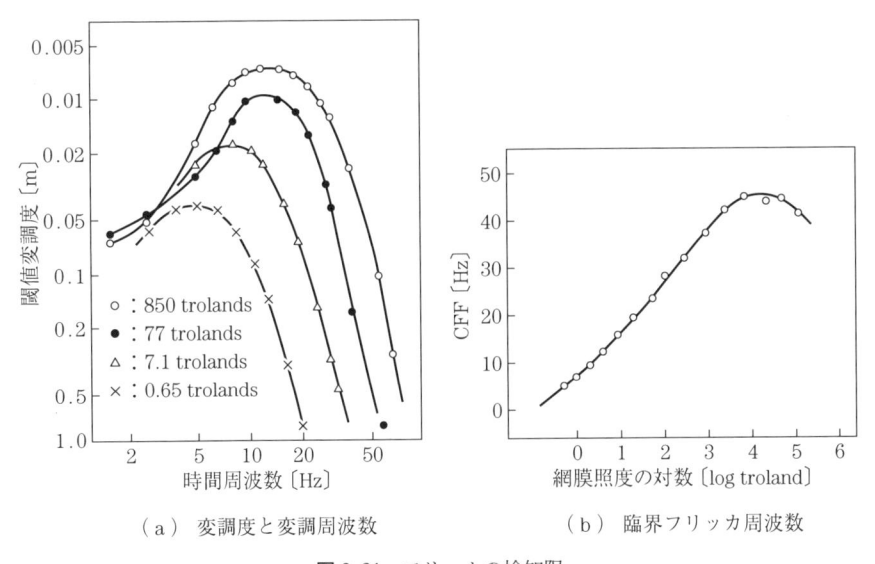

図 2.21　フリッカの検知限

図 (b) は臨界フリッカ周波数 (critical flicker frequency: CFF) の測定結果である。ある限度の明るさ以下では，目は明るいほど速い変化を感じることができる。この範囲では CFF 値 f_0 と明るさ L とは

$$f_0 = a \log L + b \tag{2.3}$$

のような関係となるとされている（a, b は定数）。これをフェリー・ポータ (Ferry-Porter) 則と呼ぶ。

テレビジョンや映画の 1 秒当りの画像数はこれを踏まえて，ちらつきを感じにくい範囲でなるべく少ない値に決められている。

2.4　システム設計における人の感覚の性質への留意点

　ここで説明した人の感覚の性質において顕著なことは，脳，神経系統の高度な処理機能が物理的に不完全なセンサの特性を補完していることである。

　例えば，2.2節で紹介したマイクロホンでは，微小な音圧への追従性をよくするため振動膜には厚さ 10 μm 以下の軽いプラスチック膜が用いられ，またマイクロホン自体による音波の回折，反射を少なくするため小形化が追求される。これに対して，人の鼓膜は中耳，内耳の構造物と結合されていてそれほど軽量ではなく，また人の頭部の回折，反射は耳に入射する音に大きな影響を及ぼしている。人は生まれて以来の生活における学習によって，これらの影響を回避する信号処理能力を獲得しているわけである。

　また，2.3節で紹介したカメラでは，画像のひずみ，色ずれなどの収差を除去するため多種のガラスを複数枚組み合わせた複雑な構成のレンズを用い，またフィルムや撮像素子の欠陥や不均一は徹底的にチェックされる。これに対して，人の目の水晶体はただ1枚のレンズであり，網膜の光電変換性能もさして精密なものではない。人は学習に由来する信号処理によってこれらの不完全性を救済し，高度な受容機能を発揮しているのである。

　このため，人の受容能力や不満を感じない許容範囲は一定不変ではなく，生活環境からの学習によって変化する。例えば，電話通話における信号遅延は対話に際して不快感を与えるものとして厳しくチェックされてきたが，1990年代中期以降に爆発的に普及した携帯電話システムでは多少の信号遅延が不可避なため，ユーザはこれに慣らされ，信号遅延に寛容になったといわれる。このため固定電話システムでも，遅延を伴うが安価な処理系を導入してコストダウンを図る例がみられるようになった。もちろんこれとは逆に，環境の変化により許容限界が厳しくなることもある。

　したがって，人の使用を前提とするマルチメディアシステムの設計にあたっては物理的条件のみならず，人がその時代の環境から影響されることによる社

会通念の変化にも注意を払い，性能の許容範囲などを吟味しなければならない。

レポート課題

　人の聴取できる最低周波数を極限法によって求める実験の例が J. P. ギルフォード (秋重義治 訳)：精神測定法, p.129, 培風館 (1959) に記述されており，境 久雄 編著：聴覚と音響心理, 音響工学講座 6, p.256, コロナ社 (1978) にも紹介されている。
(1)　実験の内容と結果を紹介せよ。
(2)　この実験は，例えば信号サンプルの発生に電気を一切用いていないなど古典的な手法をとっている。現在これを追試するとしたらどのような実験をすべきか，精度や能率にどの程度の改善が期待できるかを論ぜよ。

3 アナログシステム技術

3.1 音響信号のアナログ伝送とラジオおよび電話

　電子通信システムの使命は，音響信号，画像信号などを人が直接知覚できる範囲よりはるかに遠方に送り届けることである。また，伝達される情報がなるべく大量であって多くの人々の要求に同時に応えられること，すなわち多重伝送も要求される。

　直接伝送，例えば音響の波形をそのままアナログ電気信号波形として伝送するのは最も簡単であって，電話システムやラジオ放送で 100 年来行われてきた。しかし，音響信号を普及形ラジオ程度の品質で伝送するとしても 150～7 000 Hz 程度の周波数範囲，すなわち約 47 倍の比帯域を占有し，その範囲では重なった複数の信号の分離が困難なため，多重伝送は不可能である。

　しかし，例えば 1 MHz（1 000 000 Hz）の正弦波を搬送波として用意すると，この 7 000 Hz 幅の信号を 1 000 150～1 007 000 Hz の周波数範囲に変換することができる。周波数幅が同じであれば後で波形を再現できるが，変換後の比帯域はわずか 1.007 倍に減少しており，その上下に同じ周波数幅の帯域をとって受信時に帯域フィルタで分離すれば，数多くの音響信号を異なる周波数帯域に配置して同時に伝送することができる。さらに，1 MHz 程度の周波数の電波は 1 000 Hz，10 000 Hz といった可聴音響信号周波数の電波に比べ波長が短いため，小形のアンテナを用いることができて送受信が簡単であり，遠距離多重放送にも適している。

こうした操作を**変調** (modulation) と呼び，これから元の信号波形を復元することを**復調** (demodulation) と呼ぶ．また，複数の周波数帯域を用いる多重化方式を周波数分割多重化方式と呼び，アナログシステム技術の好例とされる．

ここでは，このような技術の例としてラジオ放送および電話に用いられる技術を紹介する．いずれも 3.2 節で述べるアナログテレビジョン技術の基盤となるものである．

3.1.1　AM と中波放送

中波 (medium frequency: **MF**) を搬送波に用いる**振幅変調** (amplitude modulation: **AM**) による音響信号の放送 (ラジオ放送) は歴史の古い電波応用分野である．世界初のラジオ放送は 1920 年に米国で開始された．わが国の放送開始は 1925 年であった．現在の電波割当てでは，搬送波の周波数範囲 526.5 kHz (波長 570 m)〜1 606.5 kHz (187 m) が世界各国共通のラジオ専用帯で，地域によってはこれより広い例もある．

わが国で搬送波として決められている周波数は**表 3.1** のとおりである．以前は 10 kHz 間隔で配置されていたが，発展途上国への周波数割当ての増加などのため，1978 年 11 月 23 日より 9 kHz 間隔に変更された．

表 3.1　中波 AM 放送のチャネルと周波数

チャネル番号	1	2	...	119	120
割当周波数	531 kHz	540 kHz	この間 9 kHz おき	1 593 kHz	1 602 kHz

例えば，NHK 東京第一放送は 8 チャネル (594 kHz，波長 432 m)，民間放送の TBS は 48 チャネル (954 kHz，314 m) の搬送波を用いて放送している．搬送波の波長が長いので送信には大形のアンテナを必要とするが，反面，小さな障害物の影響は受けない．このため受信可能な範囲が比較的広く，例えば 1 か所の送信用アンテナで関東地方一円 (半径約 100 km) をサービス範囲とすることが可能である．

（1） AM 変調波　　ここで AM 信号の性質を吟味しよう。信号波は可聴周波数 f_s〔Hz〕の正弦波，搬送波は例えば 1 000 倍程度高い周波数 f_0〔Hz〕の正弦波とする。

$$s(t) = A_s \cos (2\pi f_s t) \tag{3.1}$$

$$e(t) = A_0 \cos (2\pi f_0 t) \tag{3.2}$$

ただし，A は振幅を表す。

$e(t)$ を $s(t)$ で振幅変調した波（AM 波）は式 (3.3) で与えられ，**図 3.1** のような波形をもつ。

$$\begin{aligned}u(t) &= A_0 (1 + m \cos 2\pi f_s t) \cos 2\pi f_0 t \\ &= A_0 \cos 2\pi f_0 t + \frac{mA_0}{2} \cos 2\pi (f_0 + f_s)t + \frac{mA_0}{2} \cos 2\pi (f_0 - f_s)t\end{aligned} \tag{3.3}$$

ただし，m は A_s と A_0 の比で，変調度と呼ばれる。

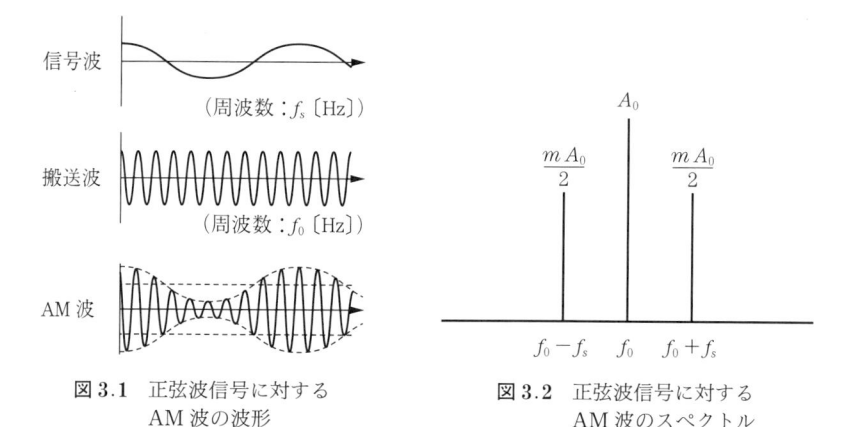

図 3.1　正弦波信号に対する AM 波の波形

図 3.2　正弦波信号に対する AM 波のスペクトル

周波数領域では，この AM 波の波形は**図 3.2** のように線スペクトルで表される。

図 3.3 に示すように音声，音楽など低周波数から高周波数まで有限の帯域幅をもつ信号に搬送波となる高周波の正弦波を加え，非線形回路（変調回路，例えば乗算回路）を通して和および差周波数の信号を形成し，バンドパスフィルタで搬送波と上下の側帯波を取り出せば AM 波が得られる。信号の上限周波

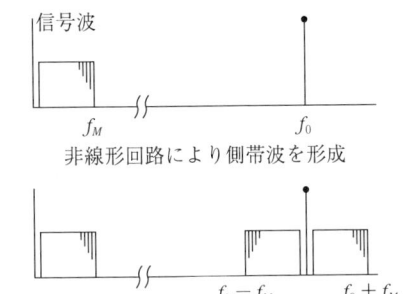

図3.3 周波数帯域幅をもつ信号に対するAM波の形成

数を f_M とすると，この信号による AM 変調波は $f_0 - f_M$ から f_0 付近までの下側帯波と，f_0 付近から $f_0 + f_M$ までの上側帯波からなる。

AM 波の大きな特徴は復調が簡単なことである。図3.1より想像されるように，ダイオードなどにより半波または全波整流し，ローパスフィルタを通して元の信号波を得る簡単な回路を用いれば原信号波形が得られる。

図3.3より知られるように，9 kHz 間隔で配置されている AM 放送では隣のチャネルと干渉せずに伝送できる信号の上限周波数は 4.5 kHz となるが，実際には，地理的に近い放送局を離れた周波数に配置するなどの方法で混信などの不都合が生じにくいよう配慮し，±7.5 kHz の範囲に送信パワーの 99.5％を収めるようにしているのが実態であり，AM 放送の帯域幅は約 7 kHz と考えてよい。ただし後述するように，市販の多くの AM 受信機の周波数帯域の実態はこれより狭いようである。

（2） **信号のプリエンファシスと AM ステレオ放送**　AM 放送は元の音響信号の波形をそのまま放送するのが原則だったが，現在はこれを加工したり別種の信号を付加して放送することが行われる。

送信側で信号の高周波数領域を強調して送信し，受信機でこれを抑圧することにより聴覚に影響の大きい高周波数の雑音を低減する技術（エンファシス）は，FM 放送やテレビジョン放送の音響信号部では一般的な技術である。技術の詳細は 3.1.3 項で述べる。

AM 放送では当初はエンファシスを行っていなかったが，多くの聴取者が

44   3. アナログシステム技術

使用している小形安価なトランジスタラジオでは，雑音を低減するため高周波数帯域 (例えば 2 kHz 以上) をなだらかに減衰させる例が多い状況を踏まえて，100～200 μs の時定数でプリエンファシスを行って放送する例がみられる。米国で技術が開発され，日本でも 1982 年より導入された。

一方，二つの搬送波を占有する左右 2 チャネルのステレオ信号の放送が 20 世紀半ばに行われたが，電波の利用効率を低下させるため改良された方式に移行した。現在用いられているのは左右信号の和を通常の AM 変調で，差を位相変調，周波数変調などの方法で同一の搬送波を用いて同時に送るシステムで，1982 年より開始された。しかし，米国で初期に方式統一に失敗し，5 方式が乱立したことが一因となり，目覚ましく普及しているとはいえない。

3.1.2　DSB，SSB，VSB と周波数分割多重電話伝送システム

AM 変調波形では搬送波は信号の情報を含まないので，取り除いて伝送しても原信号を再現できる。このため，AM 波の搬送波を取り除き，送信電力を節約した**両側波帯** (double-sideband: **DSB**) **変調**が用いられる。また，上側帯波，下側帯波はいずれも同じ信号の情報を含んでいるのでいずれか一方を取り除き，片側の側帯波のみを伝送しても受信側では原信号を再現できる。この方法を**単側波帯** (single-sideband: **SSB**) **変調**と呼ぶ。

（1）**DSB，SSB の変調と復調**　　図 3.4 に DSB 変調と SSB 変調のスペクトルを示す。図では SSB は下側帯波をとる例を示してあるが，上側帯波を

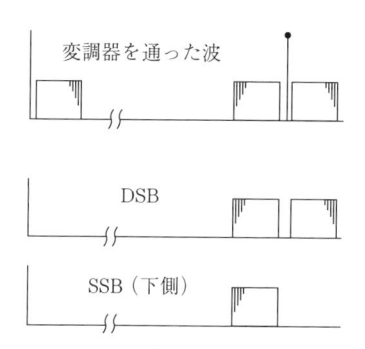

図 3.4　DSB 変調と SSB 変調のスペクトル

用いることもある。

受信側では搬送波（周波数は既知）をつくって加算してから非線形回路を通すと差信号として原信号が得られる。これをローパスフィルタで取り出せば復調できることになる。

（2） **電話信号の周波数多重伝送方式**　SSB 変調はアマチュア無線電話など使用できる周波数帯域が限られている場合に用いられる。さらにこれを高度に利用した例として，1990 年代まで用いられていた電話の信号を周波数分割で**多重化**（frequency division multiplex：**FDM**）し，電話回線を経済的に使用する技術があげられる。

周波数多重伝送方式の概念を**図 3.5** に示す。電話機間でやり取りされる電話信号の周波数帯域は 300～3 400 Hz とされている。多数の電話信号をそれぞれ異なる周波数（$f_1, f_2, f_3, \cdots$）の搬送波により AM 変調波の下側帯波とする。これらを加算すると多重化された信号が得られる。ここの電話信号を伝送する周波数範囲をチャネルと呼ぶ。復調は変調の逆の手順で，目的のチャネルを帯域フィルタで取り出し，元の音声信号の周波数帯域に戻せばよい。

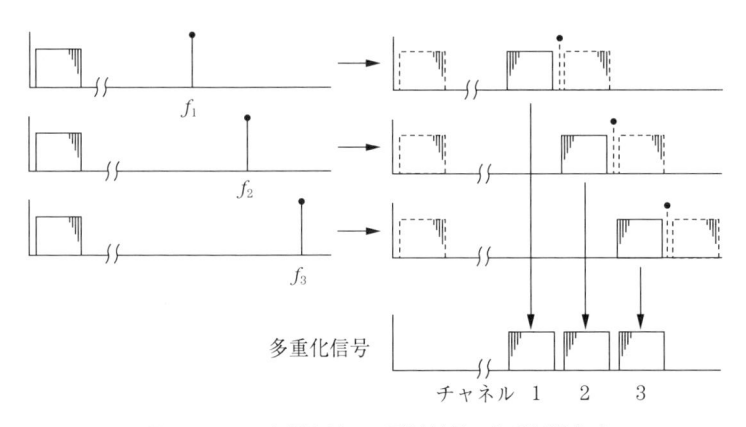

図 3.5　SSB 変調を用いた電話信号の多重伝送方式

なお，ここでは**下側帯波**（lower-sideband：**LSB**）を用いた例を示した。**上側帯波**（upper-sideband：**USB**）を用いてもよいが，スペクトルの上下が反転した下側帯波は秘話性に優れているという見解がある。

多重化した信号を一つの信号波とみなしてさらに多重化していくと,数多くのチャネルを能率よく多重化できる。3チャネル多重化信号を基礎群(PG),これを4個集めたものを群(G：12チャネル),5個のGを集めたものを超群(SG：60チャネル),5個のSGを集めたものを主群(MG：300チャネル),3個のMGを集めたものを超主群(SMG：900チャネル),4個のSMGを集めたものを巨群(JG：3 600チャネル)と呼ぶ。

このように,技術開発により使用可能な上限の周波数を上げることは伝送チャネルの増大に直結する。

例えば,同軸ケーブルによる伝送方式では60 MHzまで伝送可能なので,三つの巨群を多重化して,上り下り2本の同軸ケーブルで4 476~59 684 kHzの周波数帯域を用いて10 800チャネルの電話通話を伝送した。この方式は光ファイバによるディジタル大容量伝送方式に交代するまで広く使われた。

(3) **直流分も伝送できる VSB**　　信号の直流分または超低周波数の成分を伝送する必要がある場合は,搬送波を抑圧してしまうDSB,SSB方式は不適当である。通常のAM変調はこれに対応できるが,広い占有周波数帯域を要する。

直流分の伝送と比較的狭い占有周波数帯域を両立させる方式が,図3.6に示す**残留側波帯**(vestigial-sideband：**VSB**)**変調**である。AM変調された高周

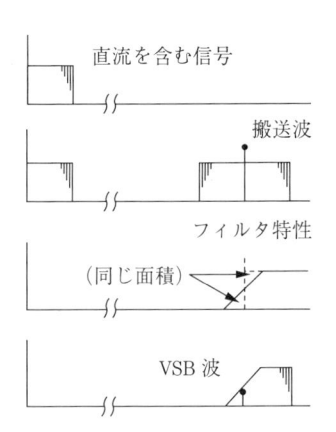

図3.6　VSBを用いた変調方式

波信号を搬送波周波数の付近でなだらかな遮断特性をもつフィルタに通してVSB 信号を得る．復調は SSB と同じ要領で行うが，このとき，例えば右図の搬送波の左側の成分が右に折り返されて重なるので，復調された信号は直流から平たんな特性となる．

VSB は後述するアナログテレビジョン伝送方式の中核となる変調方式である．

3.1.3　FM と超短波ステレオラジオ放送

VHF（very high frequency，超短波）による放送はテレビジョン技術の中核として進歩した．これを用いた**周波数変調**（frequency modalation：**FM**）による音響信号（ラジオ）放送も AM 放送を補完するものとして 1940 年代より普及した．

後述するように，FM 方式は AM 方式に比べ同じ周波数帯域の信号に対する放送波の周波数占有帯域が広いので，音響信号を効率よく多重化するためには AM 方式に比べ高い周波数の搬送波を用いる必要がある．したがって VHF 以上の周波数で放送しなければならない．使用する周波数領域は国，地域により異なる．日本で割り当てられた周波数範囲は 76 MHz（波長 3.95 m）～90 MHz（3.33 m）だが，例えば米国では 88～108 MHz（後述するわが国でテレビジョン放送に用いている帯域の下端にほぼ重なる）を使用している．

わが国で決められている FM ラジオ放送の搬送波の周波数は**表 3.2** のとおり，100 kHz（0.1 MHz）間隔となっている．

表 3.2　超短波 FM 放送のチャネルと周波数

チャネル番号	1	2	…	138	139
割当周波数	76.1 MHz	76.2 MHz	この間 100 kHz おき	89.8 MHz	89.9 MHz

例えば，NHK FM 東京は 65 チャネル（82.5 MHz），民放の東京 FM は 40 チャネル（80.0 MHz）の搬送波を用いて放送している．

3.2.1 項で述べるように，わが国では VHF を用いるテレビジョン放送の

48　　3．アナログシステム技術

1～3チャネルがFM放送帯域のすぐ上の90～108 MHzに配置されている。その音響信号部分は同じFM方式となっているので，受信周波数領域を広げ，この三つのテレビジョン放送チャネルの音響信号も受信できるよう配慮したFMラジオ受信機もある。ただしエンファシス時定数，ステレオ方式などが異なるので完全な状態での受信はできない。

FM放送の位置づけには種々の考え方がある。日本では信号周波数帯域の広い高忠実度の音楽放送に適した方式と位置づけられ，放送局の数をある程度制限し，距離の近い放送局の搬送波周波数が過度に近接しないよう配慮されているが，ドイツなどAM放送のチャネル不足を救済する汎用ラジオ放送と位置づけられた歴史をもつ地域では，数多くの放送局が搬送波周波数の近接をいとわず配置されている。

いずれにしても，VHF波放送は中波放送に比べ搬送波の波長が短いため直進性が強く，電波の届くサービス地域は原則として放送用アンテナが見える範囲に限られるので，地域密着形の放送に適している。

（1）FM変調波　　信号が正弦波の場合のFM波の波形を図3.7に示す。

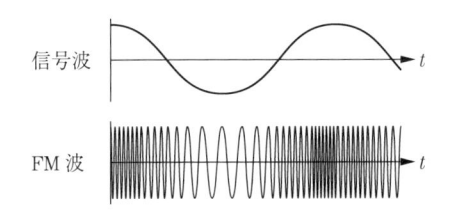

図3.7　正弦波信号に対するFM波の波形

空電雑音など外部からの放送電波への擾乱は振幅の乱れとして加えられることが多い。これを受信側で振幅制限器を用いて取り除いても周波数の変化には影響がないので，FM方式はAM，SSB方式などに比べ雑音耐性の優れた伝送が可能である。高忠実度の音楽放送に適しているとされる理由はここにもある。

ここでFM信号の性質を吟味しよう。信号波は可聴周波数f_s〔Hz〕の正弦波，搬送波は例えば10万倍程度高い周波数f_0〔Hz〕の正弦波とする。

3.1 音響信号のアナログ伝送とラジオおよび電話

$$s(t) = A_s \cos(2\pi f_s t) \tag{3.4}$$

ここで，A は振幅を表す。

式 (3.5) で与えられる搬送波を信号波により周波数変調 (FM) した波の角周波数は，式 (3.6) で与えられる。

$$e(t) = A_0 \cos(2\pi f_0 t) \tag{3.5}$$

$$\omega = 2\pi f_0 + 2\pi \Delta f \cos(2\pi f_s t) \tag{3.6}$$

ここで，Δf は最大周波数偏移である。これを時間で積分すると FM 波の位相の瞬時値が求められ，FM が式 (3.7) で与えられる。

$$\begin{aligned}u(t) &= A_0 \cos\left(\int \omega dt\right) = A_0 \cos\left\{2\pi f_0 t + \frac{\Delta f}{f_s}\sin(2\pi f_s t)\right\} \\ &= A_0 \cos\{2\pi f_0 t + \beta \sin(2\pi f_s t)\}\end{aligned} \tag{3.7}$$

ただし

$$\beta = \frac{\Delta f}{f_s} \tag{3.8}$$

を変調指数と呼ぶ。

式 (3.7) は式 (3.9) のように展開され，側帯波が求められる。

$$\begin{aligned}u(t) = {}& A_0 J_0(\beta) \cos 2\pi f_0 t \\ &+ A_0 J_1(\beta) \cos 2\pi (f_0 + f_s) t \\ &- A_0 J_1(\beta) \cos 2\pi (f_0 - f_s) t \\ &+ A_0 J_2(\beta) \cos 2\pi (f_0 + 2f_s) t \\ &- A_0 J_2(\beta) \cos 2\pi (f_0 - 2f_s) t \\ &+ \cdots\end{aligned} \tag{3.9}$$

ここで，$J_n(\beta)$ は n 次の第一種ベッセル関数である。

スペクトル構成を図示すると図 3.8 のようになる。AM と異なり側帯波が無限に発生し，調波構造は複雑となる。

しかし，実際には変調度が小さい場合には搬送波から遠い周波数の側帯波の振幅は小さいので，一定の周波数幅の帯域フィルタで抑圧しても振幅変化がわずかに発生する程度で大きな問題は生じない。特に，β が小さいときにはベッセル関数は

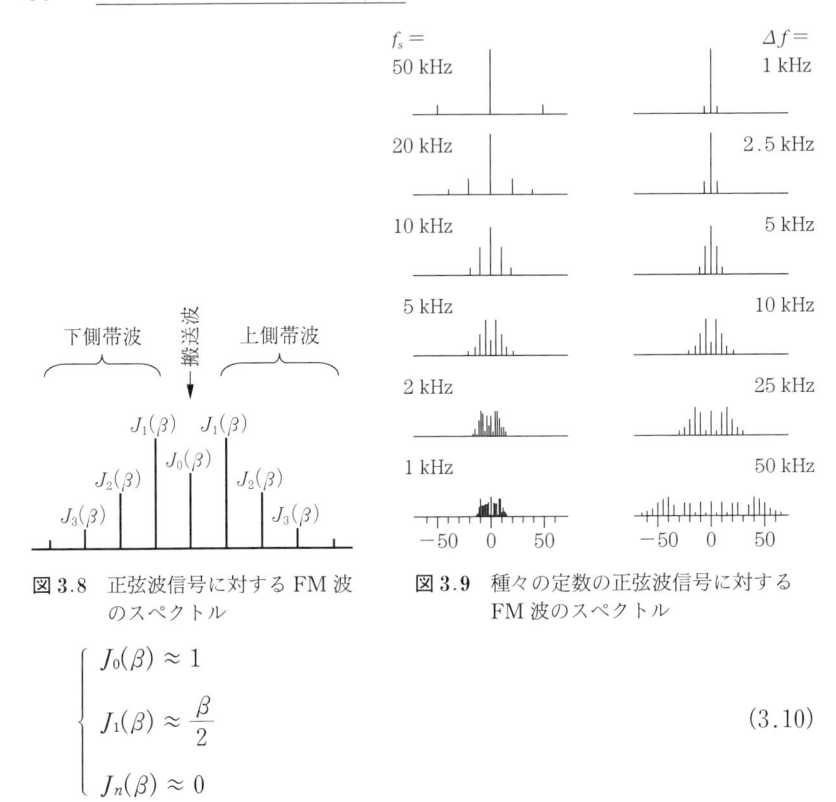

図 3.8　正弦波信号に対する FM 波のスペクトル

図 3.9　種々の定数の正弦波信号に対する FM 波のスペクトル

$$\begin{cases} J_0(\beta) \approx 1 \\ J_1(\beta) \approx \dfrac{\beta}{2} \\ J_n(\beta) \approx 0 \end{cases} \tag{3.10}$$

と近似される（ただし $n = 2, 3, \cdots$）ので

$$u(t) \approx A_0 \cos 2\pi f_0 t + \frac{A_0 \beta}{2} \cos 2\pi (f_0 + f_s)t - \frac{A_0 \beta}{2} \cos 2\pi (f_0 - f_s)t \tag{3.11}$$

となり，調波構造は AM の場合と相似となる．ただし，AM とは側帯波の位相が異なる．

$u(t)$ のスペクトルの実例を**図 3.9** に示す．図の左は周波数偏移 $\varDelta f$ を 10 kHz 一定として信号周波数 f_s を変化した場合，右は信号周波数 f_s を 5 kHz 一定として周波数偏移 $\varDelta f$ を変化した場合である．いずれの場合も大部分のパワーは $\pm \varDelta f$ の範囲に収まっていることがわかる．

表 3.2 に示したように FM 放送のチャネルは 100 kHz 間隔で配置されてい

るので,放送局ごとの最大占有周波数帯域幅は ± 50 kHz となるが,VHF 帯の電波は MF,**HF**(high frequency)帯に比べ遠方に届きにくいので,実際の放送では放送局のチャネル配置を工夫し,最大占有周波数帯域を 100 kHz としている。音響信号の周波数帯域は 15 kHz 程度となっている。

(2) **信号のエンファシス**　音声,音楽信号は低周波数成分に比べ高周波数成分が少ないので,高周波数での **SN 比**(信号対雑音比)が不十分な値となりやすい。そこで図 3.10 のように高周波数領域を強調して放送し,受信側ではこれを逆の特性で抑圧することが行われる。前者をプリエンファシス,後者をディエンファシスと呼び,**エンファシス**(emphasis)と総称する。

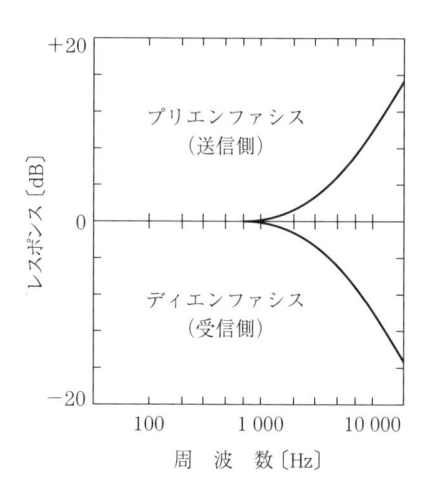

図 3.10　プリエンファシスとディエンファシス

FM 放送で用いられるエンファシス特性の時定数は 50 μs なので,放送にあたり約 3.2 kHz 以上の信号波成分が強調されることになる。

(3) **サブキャリヤを用いたステレオ信号の伝送**　FM 放送は AM 放送に比べ伝送帯域に余裕があるので,ステレオ音響信号など複数の信号を多重化した放送が行われている。

信号周波数成分の構成を図 3.11 に示す。左右 2 チャネルのステレオ信号より右(L)と左(R)の和(L + R)および差(L − R)をつくり,和信号成分はそのまま送信する。ステレオ受信機能などのない旧形の受信機はこの和信号成

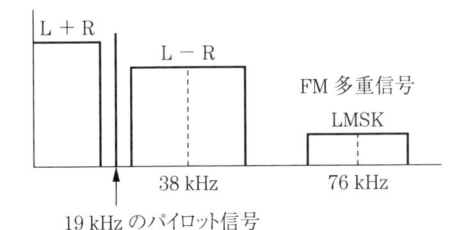

図3.11 FM放送チャネルの信号周波数成分の構成

分のみを受信すればよく，既存のシステムとの**両立性**（compatibility）が確保される．

差信号成分は38 kHzを搬送波とする振幅変調（AM，実際には搬送波を抑圧したDSB変調）信号とし，放送信号に加える．差信号があるとき，すなわちステレオ信号のときにはさらにパイロット信号と呼ばれる19 kHzの正弦波信号を加える．受信機はパイロット信号の有無を監視してステレオ放送か否かを検出し，パイロット信号があればその周波数の2倍の信号をつくることにより正確な差信号成分の搬送波を得て復調する．

さらに，信号周波数の上限100 kHzまでの部分を利用して文字多重放送などのための信号成分が用意され，ニュース，交通情報などの提供に用いられている．

3.2 動画像のアナログ伝送とテレビジョン

テレビジョン技術の研究は1920年代より行われていたが，その信号伝送にはラジオと異なり1チャネル当り6〜8 MHzという広い周波数帯域が必要なので，100 MHz以上のVHF帯を扱う電子技術の開花を待って送信機，受信機が実用化されることとなった．世界最初のモノクローム（白黒）テレビジョン放送は英国で行われたが，その方式は定着しなかった．一方，米国で1945年より開始された走査線525本，毎秒30画面のモノクローム放送は急速に普及し，1953年にはカラー放送化される．

現在，世界で標準として用いられているアナログカラーテレビジョン放送方

式としては NTSC，PAL，SECAM の 3 方式がある．わが国では米国と同じ NTSC 方式を採用している．いずれも旧来の白黒テレビジョン方式との互換性を保ちながら画像信号をカラー化，音響信号を 2 チャネルステレオ化したものであり，周波数帯域幅は旧来方式と同じ（NTSC 方式では 6 MHz）に抑えられている．

アナログカラーテレビジョン方式は，3.1 節で述べた種々の変調，復調方式の見本市の感があり興味深い．ここでは NTSC 方式を取り上げて解説する．

3.2.1 使用する周波数

テレビジョン放送では，搬送周波数をおおむね 100 MHz 程度以上としなけ

表 3.3　わが国のテレビジョン放送のチャネルと周波数帯域

チャネル番号	周波数帯域（各 6 MHz 幅）	割当周波数	基準周波数	
			画像信号	音響信号
—VHF 帯域—				
1	90〜 96 MHz	93 MHz	91.25 MHz	95.75 MHz
2	96〜102	99	97.25	101.75
3	102〜108	105	103.25	107.75
4	170〜176	173	171.25	175.75
5	176〜182	179	177.25	181.75
6	182〜188	185	183.25	187.75
7	188〜194	191	189.25	193.25
8	192〜198	195	193.25	197.75
9	198〜204	201	199.25	203.75
10	204〜210	207	205.25	209.75
11	210〜216	213	211.25	215.75
12	216〜222	219	217.25	221.75
—UHF 帯域—				
13	470〜476	473	471.25	475.75
14	476〜482	479	477.25	481.75
⋮	この間 6 MHz ごと			
61	758〜764	761	759.25	763.75
62	764〜770	767	765.25	769.75

ればならないので，VHF帯またはUHF (ultra high frequency, 極超短波)帯の搬送波を用いる．わが国では表3.3のような周波数帯域にチャネルを配置している．VHF帯の3チャネルと4チャネルとの間には移動無線，アマチュア無線などに使われる周波数帯域があるので周波数が飛んでいる．また7-8チャネル間では一部の周波数領域が重なっているので，同じ地域ではいずれか一方しか使用できない．

　基準周波数は各チャネルの映像信号および音響信号の搬送波周波数であり，音響信号の搬送波は映像のそれより4.5 MHz高い．使用する周波数帯域は両者を含む6 MHzの帯域である．

　なお，このほか12 GHz台のSHF (super high frequency) 帯域に18のチャネルが割り当てられている．

3.2.2　放送すべき信号の周波数成分と音響信号

　カラー画像を送るには三原色の色信号の伝送が必要だが，後述するようにこれを輝度信号と二つの色信号に変換して送る．また，音響信号は左右のステレオ信号からなるが，これをFM放送と同様に和信号および差信号に変換し，計5種類の信号要素を伝送する．カラー化，ステレオ化以前のテレビジョンはモノクローム（白黒）画像の明暗信号とモノーラル音響信号の2種類の信号を伝送していたので，これらに画像信号の輝度信号と音響信号の和信号が対応するようにして下位互換性を確保している．

　個々のチャネルの信号は図3.12のような周波数領域に配置されている．

　Y信号は映像の輝度信号（白黒信号）であり，I信号およびQ信号は色度信号であって，全体で映像信号を構成する．Y信号は映像搬送波をVSB変調して送られ，I信号およびQ信号は色副搬送波を変調して送られる．

　音響信号の原形は周波数帯域の上限を15 kHzとする2チャネルステレオ信号である．これを左右信号の和，および差の信号に再構成し，31.5 kHzの正弦波を差信号で周波数変調したものを和信号に加えて放送用音響信号とし，音響信号搬送波のFM変調波をつくって映像の放送波に加える．

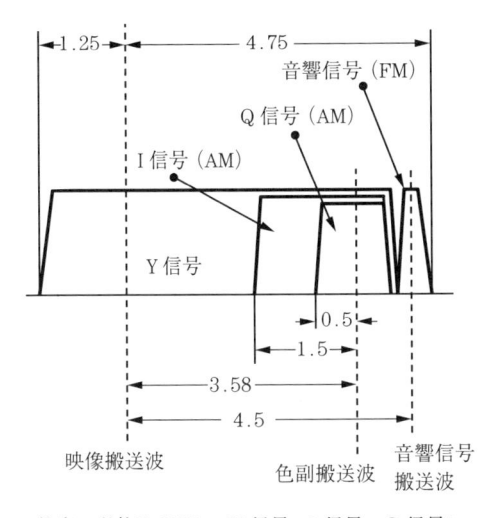

図 3.12 NTSC 方式テレビジョン放送チャネルの信号周波数領域

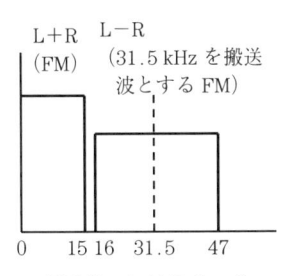

数字の単位は MHz。Y 信号，I 信号，Q 信号については 3.2.4 項を参照

図 3.13 テレビジョン放送の音響信号周波数領域の構成(片側を示す)

音響信号の構成を**図 3.13** に示す．音響部分の方式は FM ステレオ放送と類似であり，和信号は FM ラジオ受信機でモノーラル信号として受信可能である．しかし，差信号の放送方式が異なるのでステレオ受信はできない．またエンファシスの時定数が 75 μs で FM 放送とは異なるので，FM ラジオ受信機では完全な受信は困難である．

音響信号には ± 250 kHz の周波数帯域が与えられているのに対して，ステレオ音響信号の帯域幅はたかだか 50 kHz である．この余裕を利用してファクシミリの信号などの付加信号を伝送することができる．

3.2.3 画像信号の走査と同期

NTSC テレビジョン方式では，横縦比（アスペクト比）4：3 の方形の映像を 1 秒間に 30 画面送受信する．画面 1 枚分の信号をフレームと呼ぶ．

画面は二次元の平面なので，これを時間波形として伝送，放送するためには 1.3.1 項で述べたように走査によって一次元の信号に変換する必要がある．

NTSC方式では画面を横に525分割し，図3.14のように，左上から一次元の信号に変換していく．これを走査という．ただし，上から下への単純な**順次走査（プログレシブ走査）**ではなく，図のように1本おきに走査してから上に戻って間を走査していく．これを**飛越し走査（インタレース走査）**と呼ぶ．

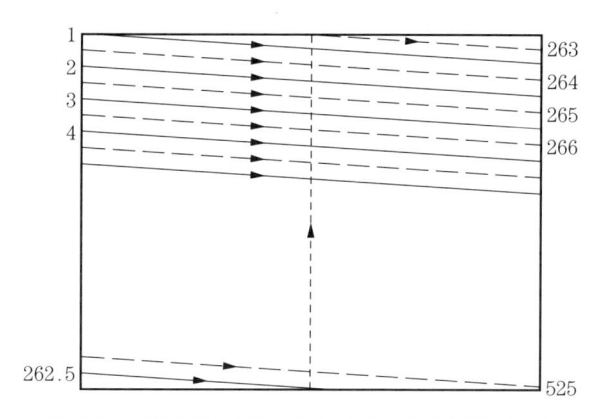

図3.14 NTSC方式テレビジョンにおける画面の走査

このため，1枚の画面（フレーム）が2枚の粗い画面（フィールド）に分割される．前半を奇数フィールド，後半を偶数フィールドと呼ぶ．インタレース走査ではフレームを送信する速さ（フレーム周波数）は30 Hzだが，視覚的には60 Hzの速さ（フィールド周波数）に見え，フリッカが減少する利点がある．また，画像を表示する受信機の**CRT**（cathode-ray tube：ブラウン管）にはフリッカ軽減のため残光性が与えられている．

1本の走査線に対応する画像信号電圧波形を**図3.15**に示す．左から右への走査線上の輝度と色度を送る部分と，右から左へ戻る部分（水平帰線）とで1単位の水平走査期間をなす．この周期は63.5 μsであり，水平走査の周波数は15.75 kHzとなる．この周波数は水平走査の繰返し周波数であり，NTSC信号を知るうえで重要な量となる．水平帰線部分には，受像機において走査線が左端から出発する時刻を検出するための水平同期パルスが加えられる．

画像の明るさは電圧の高低で表され，図の上は明（白），下は暗（黒）となる．水平同期パルスを含む帰線部は，黒レベルより下なので画面には現れない．

3.2 動画像のアナログ伝送とテレビジョン

カラーバースト（3.58 MHz, 8 波以上）

画像

水平帰線

明るい

色が濃い

白

黒

暗い

水平走査周期（$H = 63.5\,\mu\text{s}$）

水平同期パルス

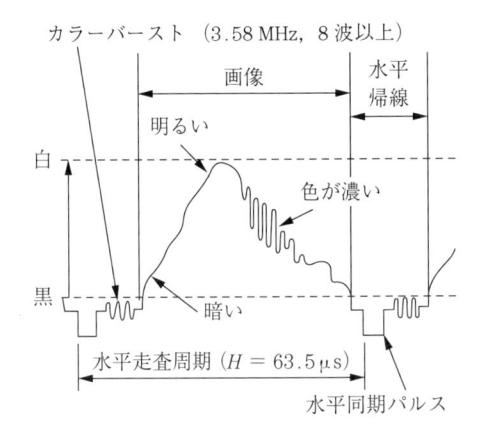

図は理解の便のため一部を誇張してある。実際の水平帰線部の前部，パルス部，カラーバーストを含む後部の長さはそれぞれ 0.02 H, 0.075 H, 0.07 H である。

図 3.15 テレビジョン放送の走査線 1 本分の画像信号電圧波形の概念

フィールドの境界には**図 3.16** のような垂直帰線期間が加えられる。水平同期が乱れないようにこの間にも水平同期パルスは挿入されるが，垂直同期パルスの部分では平均電圧が大きくなるようにパルス幅を変化して，受信時に検出

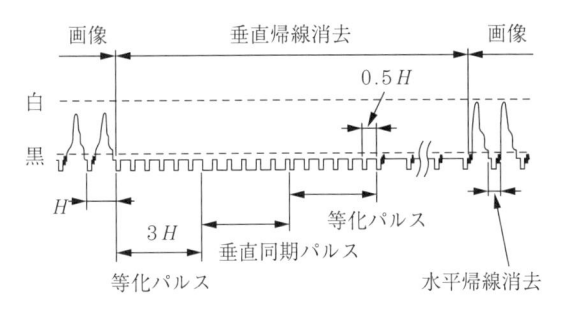

画像　　垂直帰線消去　　画像

白

黒

$0.5H$

H

$3H$　垂直同期パルス　等化パルス　水平帰線消去

等化パルス

（a）奇数フィールド

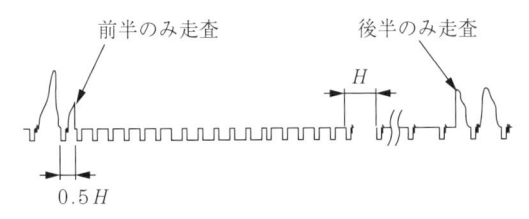

前半のみ走査　　後半のみ走査

H

$0.5H$

（b）偶数フィールド

画面左右の中央から中央への走査となる。図 3.14 参照。

図 3.16 画像信号の垂直帰線期間

しやすくする。

図 (a) は奇数フィールド直前の波形を，図 (b) は偶数フィールド直前の波形を示す。奇数フィールドの表示は画面左端から始まって画面中央で終わり，偶数フィールドの表示は画面中央から始まって画面右端で終わる。これを水平同期パルスの配置の差異として観察することができる。

実際には，NTSC 方式では白を低電圧で黒を高電圧で表す。多くのノイズは電圧の増加方向に作用するので，このようにしておくと画像の明暗が雑音で乱される可能性が少なくなるとされている。したがって図 3.15 および図 3.16 の縦軸は電圧値としては上下逆となる。

これらの波形は音響信号と異なり上下対称ではないので，画像信号には直流成分が含まれる。このため映像搬送波の変調には VSB 変調が用いられる。

3.2.4 輝度信号と色度信号

伝送，放送すべき画面の信号は三原色，すなわち赤の信号 E_R，緑の信号 E_G および青の信号 E_B であるが，すべての信号を高品質で伝送するのは不経済である。また，旧来の白黒テレビジョンでも正常に受信できるよう配慮する必要がある。そこで，信号の変換を行う。

まず，この 3 信号から明暗のみを表す輝度信号 (白黒信号) を式 (3.12) で作成する。

$$E_Y = 0.30 E_R + 0.59 E_G + 0.11 E_B \tag{3.12}$$

この信号を Y 信号と呼ぶ。これと二つの色度信号 $E_R - E_Y$，$E_B - E_Y$ とを送れば，受信側で加減算により三原色信号を再生できる。また白黒テレビジョンは E_Y 信号のみを受信すればよい。

二つの色度信号の位相を図 3.17 (a) のように変化して E_I (I 信号) および E_Q (Q 信号) をつくる。両者は図 (b) に示す xy 色度図上では斜線のようになる。図には微小な色片 (視角 2′ および 1′) を見たときの色変化も示してある。これより，微小な色片の色は E_I (I 信号の軸) に集中して見える傾向のあることがわかる。

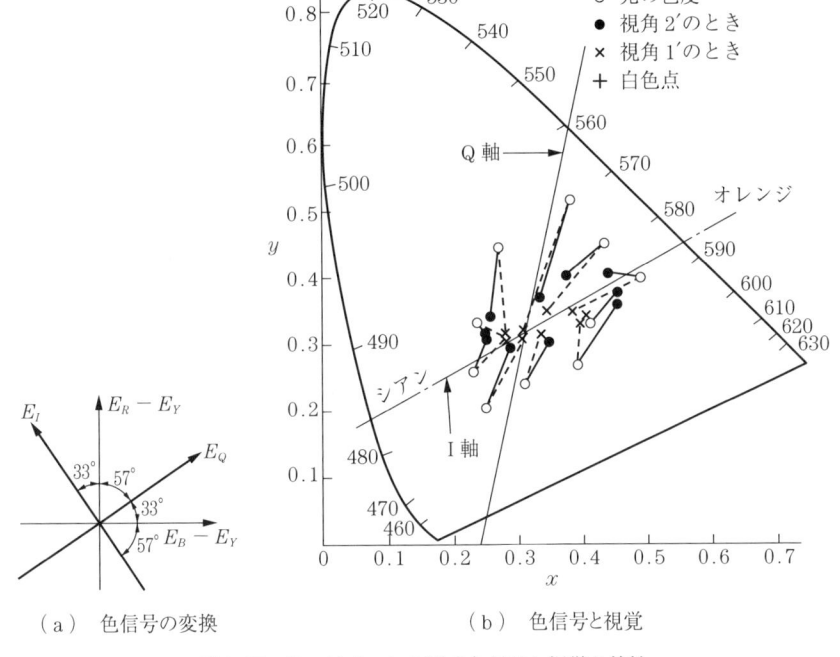

3.2 動画像のアナログ伝送とテレビジョン

(a) 色信号の変換

(b) 色信号と視覚

図 3.17 テレビジョン放送の色信号と視覚の特性

このため，前述の周波数成分の説明図のように Y 信号には旧来の白黒方式の映像信号と同じ広い周波数帯域（約 4.25 MHz）を，I 信号には比較的広い帯域（1.5 MHz）を，Q 信号には狭い帯域（0.5 MHz）を与えて伝送することにより視覚的な劣化を最小限に保って伝送の能率を改善することができる。

I 信号および Q 信号は色副搬送波を AM 変調，または VSB 変調してから Y 信号に加算される。これらが受信側で的確に分離できるように配慮しなければならない。

I 信号および Q 信号は色副搬送波の直交変調により送られる。一方を色副搬送波（3.58 MHz）で，もう一方を位相が 90° 異なる搬送波で変調すると，両者の搬送波は三角関数 sin と cos の関係となる。**図 3.18** に両者を分離する原理を示す。積分範囲を 1 とすると sin の振幅に比例する値が得られるが cos は 0 になる。積分範囲を 2 とすると cos の振幅が得られ sin は 0 となる。したがっ

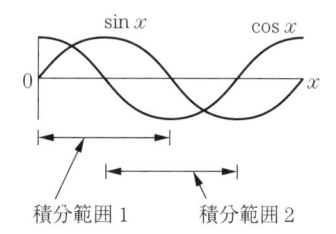

図 3.18 同期検波の原理

て，受信側では搬送波の位相の基準がわかっていれば両者を分離して復調できる。これを**同期検波**と呼ぶ。位相の基準を与えるため，図 3.15 に示したように送信側で水平同期信号の直後に色副搬送波の基準として正弦波のバースト（カラーバースト）を挿入する。このとき，挿入後の電圧は黒レベル以上として画面に影響を与えないよう配慮しなければならない。

つぎに，色副搬送波の周波数を決める根拠について考えよう。

Y 信号，I 信号および Q 信号は広帯域信号だが，図 3.15 の波形より推測されるように水平同期パルスの周波数（15.75 kHz）に由来する顕著な周期性をもつ。したがって，例えば Y 信号は**図 3.19** のように周期的なスペクトルを示す。

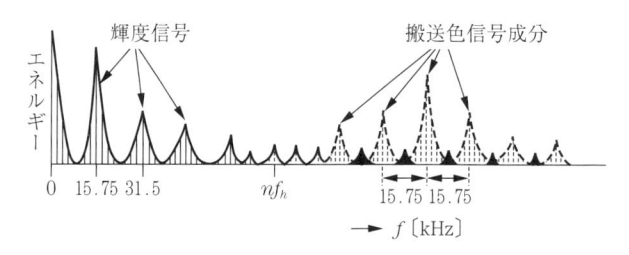

図 3.19 輝度信号と色信号のスペクトルの共存（$f_h = 15.75\,\text{kHz}$）

そこで，I 信号および Q 信号からなる色度信号を，図のように Y 信号成分の間に配置できれば輝度信号と色度信号の分離が楽になる。このためには色副搬送波の周波数を水平同期周波数の奇数倍の半分とすればよい。

一方，音響信号搬送波（4.5 MHz）と色副搬送波との差もやはり水平同期周波数の奇数倍の半分として，画面に影響が生じにくくしたい。さらに，この信号は旧来の白黒テレビジョンでも自然に受信可能でなければならない。このた

め，NTSC方式ではこれらの周波数はつぎのように決められた。

① 水平同期周波数は音響搬送波の周波数の 1/286，15 734.264 Hz とする。これは旧来方式の 15 750 Hz に十分近い。

② 垂直同期周波数は水平同期周波数の 1/262.5，59.94 Hz とする。これは旧来方式の 60 Hz に十分近い。

③ 色副搬送波の周波数は水平同期周波数の 455/2 倍，3.579 545 MHz とする。約 3.58 MHz である。

3.2.5 NTSC映像信号の生成

図 3.20 に NTSC 映像信号を生成するシステムの概念を示す．この後に放送電波を変調し，電力増幅する部分が続く．図の γ 補正は，電圧変化に対する画像の階調変化をきめ細かくするための非線形処理である．

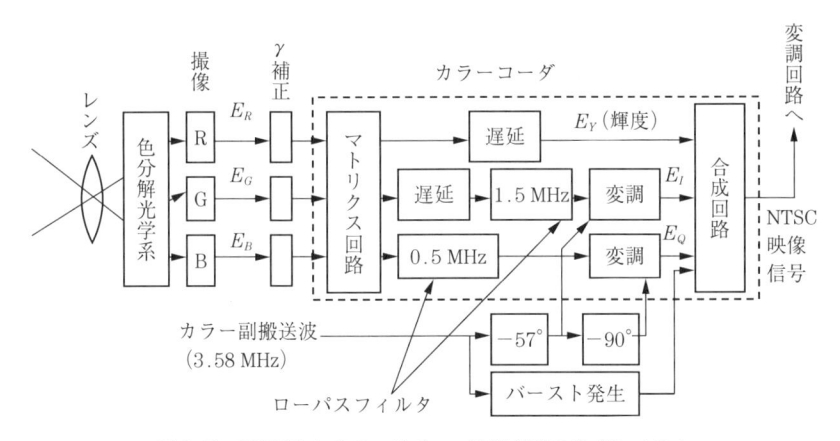

図 3.20 NTSC方式テレビジョン映像信号の生成システム

音響信号は別途生成され，電力増幅後にダイプレクサで結合されてアンテナに送られる．

NTSC 以外のカラーテレビジョン放送方式としては欧州方式といわれる PAL，SECAM がある．表 3.4 に各方式を比較して示す．欧州方式は NTSC 方式に比べ走査線が 625 本と多いが，フレーム周波数が 25 Hz と小さく，ま

表3.4　カラーテレビジョンの各方式の比較

	NTSC 方式	PAL 方式	SECAM 方式
走査線の数	525	625	625
フレーム周波数	30 Hz	25 Hz	25 Hz
画像信号	Y, I, Q	Y, R-Y, B-Y	Y, R-Y, B-Y
色搬送波	3.58 MHz	4.43 MHz	4.75 MHz
周波数帯域	6 MHz	7 MHz	8 MHz
特徴	最も古くシンプル。白黒との両立性がよい	色差信号の一つを走査線ごとに位相反転するのでクロストークひずみに強い	色信号をFMで走査ごとに交代で送るので非直線ひずみ，位相ひずみに強い
使用している地域	米国，ブラジル以外のアメリカ大陸，日本，韓国など	英国，ドイツ，中国，オーストラリア，ブラジルなど	フランス，東欧諸国など

（注）　アスペクト比，インタレース方式はいずれも同じである。

た方式の細部に相違がある。

3.2.6　EDTVと高精細度テレビジョン

従来のテレビジョン方式を抜本的に改善する新方式を **ATV**（advanced television）と呼ぶ。

EDTV（extended または enhanced definition television）はこの最初の段階とされるもので，従来のテレビジョン方式との互換性を保持しながら下記のような変更を加えて画質の改善を図る技術であり，わが国では**クリアビジョン**とも呼ばれる。このうち受信機のみで対応できるものを **IDTV**（improved definition television）と呼ぶ。

（1）**受信側で対応するもの**

① 従来の方式では輝度信号と色度信号の分離を単なる帯域フィルタまたは低域フィルタを用いて行っていたので，輝度信号に色度信号が混入してクロスカラー妨害が生じた。これをくし形フィルタを用いて分離することにより改善する。

② 飛越し走査によって画面を提示する頻度を2倍にする効果は，実際に2

倍の頻度で提示した場合と必ずしも視覚的に同一でない．そこで，計算により走査線の補完を行い，本来の走査線数をもつ画面を順次走査で提示する．

③ 山岳やビルの反射によるゴーストを除去する回路を付加する．

(2) 送信側で対応するもの

① 画像の暗部や高彩度部の解像力の改善，I，Q色度信号をフィールド順次で送ってQ信号を広帯域化する，

② 輝度信号のスペクトルの高域成分を色度信号のスペクトルの間に挿入して水平解像力を改善する，など．

EDTVには，従来の方式との互換性を保ちながらアスペクト比を変更する（16:9にする）技術も含まれる．

さらに進歩した方式として，使用周波数帯域を拡大し，走査線を増やして高品質の画質を狙う**高精細度テレビジョン**（high definition television: **HDTV**）方式があり，種々の方式が提案されている．最初にわが国の技術者により実用化されたハイビジョンはアナログ放送方式であったが，**MUSE**（multiple sub-nyquist sampling encoding）**方式**による信号の帯域圧縮などのため，送信側，受信側とも内部処理はディジタル方式である．諸元をNTSC方式と比較して**表3.5**に示す．

表3.5 ハイビジョン方式とNTSC方式の比較

		ハイビジョン	NTSC
走査線の数		1 125 本	525 本
アスペクト比		16:9 (1.78:1)	4:3 (1.33:1)
インタレース		あり (2:1)	あり (2:1)
フレーム周波数		30 Hz	29.97 Hz
信号帯域	輝度信号	20 MHz	4.2 MHz
	色度信号	c_W: 7.0 MHz c_N: 5.5 MHz	I: 1.5 MHz Q: 0.5 MHz

3.3 音響信号のアナログ記録とカセットテープシステム

一般家庭における音響信号,動画像信号の記録再生の目的はつぎの二つに大別されよう。

（1）**ライブラリ作成**　長く手元において鑑賞したいものを手元に保存する。この場合は CD, DVD などあらかじめ記録されたメディアを購入するのが有力な手段であり,再生機能のみがあれば目的の多くは達成できる。

（2）**タイムシフト**　所用などのため時間を割けない放送番組や家族の演奏会などを記録しておき,後で鑑賞する。この目的には家庭での記録機能が必須となる。

記録されたものがライブラリに加わることも多いので,これらの機能は峻別できるものではない。しかし,記録再生のシステムの実用化初期には,（1）を重視して著作権侵害を問題視するコンテンツ業界と,（2）の利便性を主張する装置製造業界の論争があったことはエンジニアも記憶すべきであろう。

音響信号,動画像信号を問わず,必要なシステムの規模や技術は再生よりは記録のほうが高度である。また一般に記録装置は再生機能ももつ。ここでは一般家庭で記録,再生ともに可能なシステムを取り上げる。

音響信号のアナログ記録再生システムは長い歴史があるが,家庭における記録機能の実現は遅れた。当初の方式は音の波形そのものを固体に音溝として刻む機械的録音,再生であり,エジソンが 1877 年に発明した円筒録音から SP 円盤,EP/LP 円盤,ステレオ円盤と進化したが,いずれも家庭での記録には対応しておらず,一般家庭に記録,編集可能なメディアとしてオープンリール磁気テープシステムが浸透するのは 1950 年代からである。その直後には 2 チャネル（例えばステレオ信号）以上の同時記録も一般化した。

ここでは,フィリップス社により実用化され,1960 年代からオープンリールシステムに代わって広く普及しているコンパクトカセット磁気テープシステム（カセットテープシステム）を例として取り上げ,音響信号のアナログ記録

再生システムの概要を述べる。

3.3.1 磁気テープシステムの原理

磁気テープへの記録（録音），再生の原理を図 3.21 に示す。

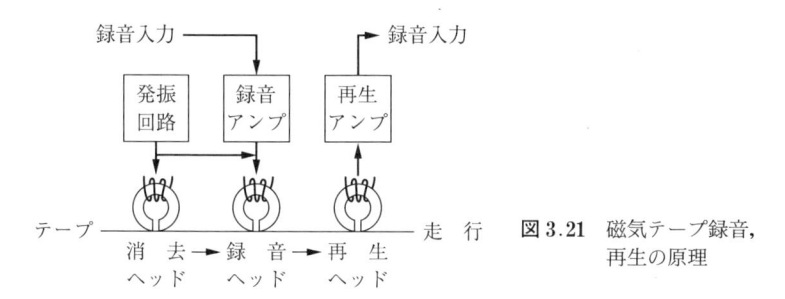

図 3.21 磁気テープ録音，再生の原理

磁気テープはプラスチック製のベースからなり，ヘッドに接触する面に酸化鉄など磁性体粉末をバインダとともに塗布したものである。磁性体粉末は微小な永久磁石の集まりである。テープは二つのリールにまたがって巻かれており，一方のリールから他方のリールへ走行する途中でヘッドに接触する。個々のヘッドは電磁石を構成しておりコイルへの電流により磁気回路の空隙（ギャップ）に磁場を発生し，近くの磁性体粉末の磁化に影響を及ぼす。一方，テープの磁性体粉末がギャップの近くを通過すると磁場の変化によりコイルに電流が発生する。

テープに信号を記録するときには，事前にテープの磁性体を磁気的に完全に中性に戻し，既存の記録を消去しなければならない。このため，テープは記録ヘッドの前に消去ヘッドに接触する。永久磁石の磁気特性（磁場〜磁束密度特性）はヒステリシスループを描くので，単純に一定の磁場をかけるだけでは完全に無磁化状態とするのが難しい。このため，図 3.22 の左図に示すように消去ヘッドに正弦波電流を加えてテープに強い交流磁場をかける。テープがヘッドから遠ざかると磁界は右図のように減少し，磁性体が無磁化状態になって既存の記録が消去される。

つぎに，録音アンプにより記録ヘッドに信号波形に応じた磁場を発生させて

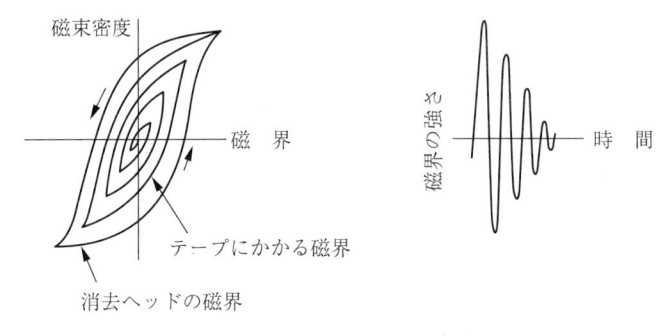

図 3.22　交流磁場による消磁

おき，これにテープを接触させてテープ表面の磁性体粉末を磁化することにより信号を記録する。このとき，消去に用いた高周波電流を記録ヘッドにも加え，磁化強度がループを描きながら所定の値に落ち着くようにして，安定でひずみの少ない記録を行う。このため高周波電流の周波数は可聴周波数より十分に高くする必要があるので，発振回路の周波数は 50～250 kHz に選ばれる。

テープと記録ヘッドの相対速度が速ければテープに記録される信号波の波長が長くなるので，より高い周波数まで記録できる。また，記録ヘッドのギャップが狭ければテープに小さな波長を書き込めるので，やはり高い周波数まで記録できる。一方，消去ヘッドはテープを強い磁場にさらすのが目的なのでギャップの狭さへの要求はややゆるい。

記録された信号を再生するには，テープ上の磁化された磁性体が再生ヘッドに接触して移動するときの磁場の変化によりヘッドのコイルに生じる誘起電流を取り出し，再生アンプで増幅する。記録ヘッドと同じくテープとヘッドの相対速度が速ければ，また，ヘッドのギャップが狭ければテープから小さな波長を読み出せるので，高い周波数まで再生できる。さらに，テープに記録するトラックの横幅が広いとヘッドに大きな電流が誘起されて SN 比が改善される。

図 3.21 のように録音ヘッドと再生ヘッドが個別に並んでいれば，録音された信号をすぐに再生し，記録品質を確認できる。しかし多くのカセットテープレコーダのように使いやすさと低価格を狙う製品では，一つのヘッドで録音と再生を切り替えて兼用し，ヘッドの数を消去ヘッドとの 2 個とする例が多い。

3.3.2 カセットテープシステムの構成

カセットテープは，テープが巻かれた二つのリールをカセットハーフと呼ばれる 2 部品を合わせた構成のプラスチックケースに収めたものである．システムの構成を図 3.23 に示す．カセットハーフの端面には三つの窓が設けられている．小形低価格の普及形テープレコーダを目指して開発されたシステムだったため，録音，再生を同一ヘッドで兼用してヘッド数を二つとする前提で窓の数が決められた．

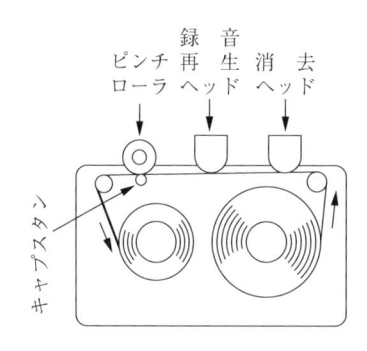

図 3.23 カセットテープシステムの構成

左右の窓の上下面には，キャプスタンと呼ばれる金属円筒をテープの内側に挿入する孔が設けられている．カセットハーフの端面の窓からゴム製のピンチローラを挿入してキャプスタンにテープを押さえ付ける．キャプスタンは一定の速度で回転しているのでテープが一定速度で送られる．巻き取り側のリールには適当な強さの回転力を与え，また送り出し側のリールには適度のブレーキをかけてテープがゆるまないようにする．

カセットハーフの窓からテープに消去ヘッド，録音・再生ヘッドを押し付け，消去，記録（録音），再生を行う．窓が三つなのでヘッドは二つしか挿入できない．カセットテープはその後の技術改良により高音質で音楽を録音する用途にも用いられるようになったので，高級機種では録音部，再生部のヘッドを結合し，磁気ギャップを二つもつ複合ヘッドを用いて，実質的に三つのヘッドを同時に動作させるように工夫したものも用いられる．

通常のシステムではテープ幅の片側半分に記録し，カセットを反転してから

反対側に記録する往復使用形式が標準となっている。したがって，記録トラックの数はモノーラル記録では2本，ステレオ記録では4本となる。

3.3.3 周波数特性の補償

カセットテープシステムでは，FM放送やテレビジョンの音声部と同様に信号のエンファシスを行うとともに，ヘッドの周波数特性を補償している。概念を図3.24に示す。

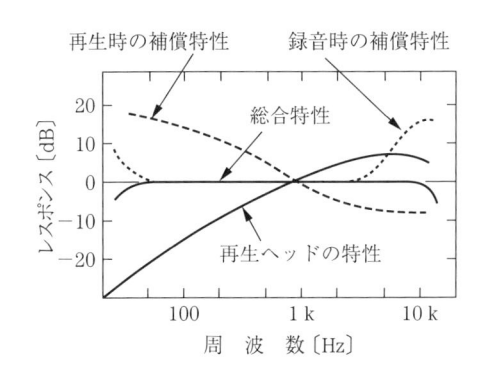

図3.24 カセットテープシステムでの周波数特性の補償の概念

一般に再生ヘッドは高域強調特性をもつ。これを補償するため録音を高域減衰特性とすると雑音の影響が大きくなるので，再生アンプに高域減衰特性をもたせている。また，ヘッドのギャップ縮小に技術的な限界があるなどのため高周波数域ではレスポンスの上昇が鈍るので，録音時に高周波数域を強調し，総合特性が平たんとなるようにしている。

カセットテープシステムの諸元を，3.4節で述べる **VHS** (video home system) ビデオカセットテープシステムと比較して**表3.6**に示す。記録時間は往復で最大120分程度，標準的な製品では60分程度である。

テープ記録は基本的に順次読出しが原則で，目的の箇所をアクセスするには早送り，巻き戻しが必要となるので，円盤記録のようなランダムアクセスは難しい。しかし，テープは平面の記録媒体を巻き取ることにより一種の三次元記録の形で信号を保存することになり，媒体の占有スペースは小さくなる。

オーディオ用カセットテープシステムは5.2節で述べるATRAC方式を用

3.3 音響信号のアナログ記録とカセットテープシステム

いた MD（ミニディスク）などの新形ディジタル記録システムに交代しつつあるが，単純で取り扱いやすいシステムなので現在でも一定の需要がある。

表 3.6 ビデオカセットテープレコーダとオーディオ用カセットテープレコーダの定数比較

	VHS方式ビデオテープレコーダ （固定ヘッド音響信号記録*）	オーディオ用カセットテープレコーダ
テープ幅	12.65 mm	3.81 mm
画像信号トラック幅	標準記録：58 μm 3倍長記録：19.2 μm	—
音響信号トラック幅	モノーラル：1 mm 2チャネルステレオ：0.35 mm	2チャネルステレオ： 0.56〜0.66 mm
ヘッド機構	画像：回転2ヘッド方式 　（ドラム径62.0 mm） 音響信号およびコントロール信号： 　固定ヘッド方式	固定ヘッド方式
ヘッド走査方式	画像信号用： 　ヘリカル（斜め方向）走査 音響信号およびコントロール信号用：長手方向走査	長手方向走査
信号記録トラック	画像信号： 　不連続，テープ斜め方向 　（1トラックで1フィールド） 音響信号およびコントロール信号： 　連続，テープ長手方向	連続，テープ長手方向 （2または4トラック並列）
記録方式	画像信号：周波数変調 音響信号：直接	直接
記録方向	片道	往復
サーボ制御	必要	不要
テープ送り速度	標準記録：33.35 mm/s 3倍長記録：11.12 mm/s	47.6 mm/s
テープ・ヘッド相対速度	標準記録：5.80 m/s 3倍長記録：5.83 m/s （音響信号およびコントロール信号のヘッドはテープ送り速度に同じ）	47.6 mm/s （テープ送り速度に同じ）

*：固定ヘッド音響信号記録方式は信号品質が劣悪なので，画像信号とは別の回転ヘッドを用いて音響信号を周波数変調記録する方式が開発され，これが主流となった。3.4.3項参照。

3.4 動画像のアナログ記録とビデオカセットテープシステム

テレビジョン信号に代表される動画像信号を磁気テープにより記録，再生するシステムはテレビジョン番組を制作するためのツールとして開発され，小形安価なものが実用化されて一般家庭に広く普及した．3.3節で述べたように，実用化当初には一般家庭での有用性は「タイムシフト」機能，すなわち「見逃した放送番組を後で再生する」機能にあると主張されていたが，多くのユーザは「ライブラリ作成」，すなわち長期保存の手段としても用いており，レコーデッドテープも市販されている．

動画像信号は音響信号に比べ周波数帯域が格段に広いので，磁気テープへの記録，再生システムの実現には技術的飛躍が必要であった．磁気ヘッドのギャップを縮小すれば高周波数まで記録再生できるはずだが，製造，組立ての精度などに限度があるので，動画像のテープ記録再生システムでは音響信号用のシステムに比べてヘッドとテープの間の相対速度を非常に速くする必要があり，高速精密な機械系と大量のテープを要する．

1950年代にアンペックス社により開発された回転ヘッド方式がこれを解決するキーテクノロジーとなった．記録または再生ヘッドを回転するドラムに装着し，遅い速度で走行しているテープにこのドラムを速い周速度で回転させながら接触させることにより，テープの走行速度とヘッド-テープ間速度が独立に決められるようになり，多くの課題が解決されて磁気記録による**ビデオテープレコーダ**（video tape recorder：**VTR**）が実用化された．

当初の方式ではヘッドの回転軸をテープの走行方向と平行とし，周波数変調された画像信号をテープの幅方向に記録していく形式をとったが，1960年ごろより，ヘッドの回転軸をテープの走行方向と直角から少し傾けたヘリカル走査方式が東芝，日本ビクター，ソニー各社により開発され，劇的な小形高性能化が実現されて，家庭用ビデオカセットテープシステムに発展した．回転ヘッド方式はテープ表面に信号を二次元記録するので高密度記録に適しており，そ

3.4 動画像のアナログ記録とビデオカセットテープシステム　　　71

の後 **DAT**（digital audio taperecorder）方式など小形のテープカートリッジを用いた種々の記録再生方式に発展した。

ここでは，日本ビクター社により開発され，現在広く用いられているVHSビデオカセットテープ方式を取り上げる．

3.4.1 信号の記録形式

磁気テープは，オーディオ用のカセットテープと同様に二つのリールをもつプラスチックケースに収められている．表3.6に示したようにテープの幅は音響用より広い．テープ送り速度は音響用より遅いが，片道記録方式をとり，カセットを裏返して往復記録することがないため，テープの長さは同じ記録時間のオーディオ用テープより長い．したがってカセットは大形となる．

カセットを装置に挿入すると，図3.25のようにテープがカセットより引き出され，ドラムに巻き付けられて動作状態となる．ドラムには動画像の記録および再生のための磁気ヘッドが180°方向に2個設置されている．ドラムはテープ送り速度より速い周速度で回転するので，2個のヘッドはテープに交互に接触し，離れていく．

テープはピンチローラによって，一定速度で回転しているキャプスタンに押し付けられる．したがって，テープの走行速度はキャプスタンの回転速度で決められる．また，走行速度の揺らぎはインピーダンスローラにより抑えられ

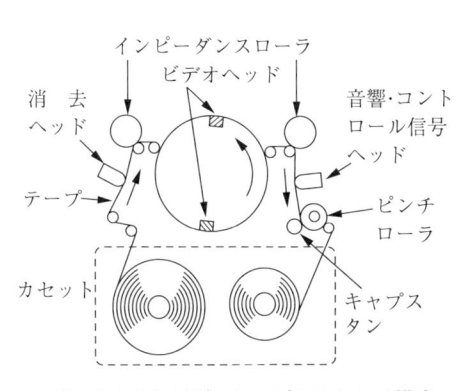

図 3.25　VHS ビデオテープシステムの構成

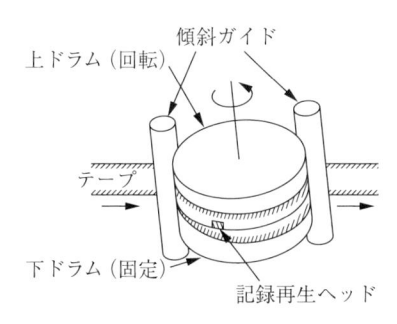

図 3.26　回転ヘッドとテープの接触

上ドラムはテープ速度よりはるかに高速の周速度で回転している．

る。テープはドラムに接触する前に固定の消去ヘッドに接触する。また，ドラムに接触した後に音響信号およびコントロール信号を記録再生するヘッドに接触する。

ビデオヘッドを装着したドラムとテープとの関係を図 3.26 に示す。テープは直径方向に二つのヘッドをもち，高速で回転する直径 62 mm のドラムの半円周 (180°) に巻き付けられる。二つのヘッドはテープと同じ向きに，テープを追い越すかたちで交互に接触する。テープがドラムに斜めに巻き付けられるので，画像信号を記録するトラックはテープに対して 6° 弱傾いている。このため，動画像信号は斜めにテープに記録され，再生される。

音響信号およびコントロール信号は，固定ヘッドによりテープの長手方向に記録される。テープに記録された信号の概要を図 3.27 に示す。テープの上辺に記録される音響信号は 3.4.3 項で述べるように現在は予備的なものとなっている。

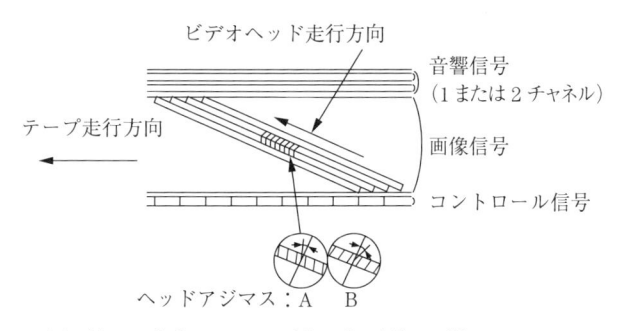

図は縮尺に忠実ではない。例えば，実際は画像トラックとテープ縁の角度は 6° 弱である。

図 3.27 テープに記録された信号

画像信号は二つのヘッドが交互に，斜めに記録する。表 3.6 に示したようにトラック幅は標準記録でも 58 μm と狭いので，トラック間のクロストークを減殺するため，両ヘッドはトラックの垂直軸に対して ±6° 傾けて，隣接トラックの影響を少なくしている。これを傾斜アジマス記録と呼ぶ。

1 本のトラックの長さは約 10 cm であり，1 フィールド (1/60 秒) の画像信

号を含んでいる。

再生時にヘッドがトラックを正しく読めるよう，テープ縁にコントロールトラックが用意されている．コントロール信号はビデオ信号のトラック2本分を間隔とする等間隔パルス列であり，再生時にはこの位置を基準に画像トラックを読み出し，テープとヘッドの相対位置をサーボ制御する．

3.4.2 画像の記録と再生

わが国および米国などで用いられているビデオテープ装置では，テープに記録される画像信号はNTSC方式の信号より作成される．

記録信号の周波数領域の構成を図3.28に示す．輝度信号（Y信号）は白ピークを4.4 ± 0.1 MHz，同期信号の端部を3.4 MHzとする周波数変調（FM）により記録される．FM信号は広い周波数範囲にわたり側帯波を生じるのでY信号には広い帯域が割り当てられる．一方，色信号（I，Q信号）は直交変調された複合信号のままで搬送周波数を629.371 kHzに変換して記録する．この搬送周波数は水平同期周波数の40倍とし，干渉の影響を減殺したものである．

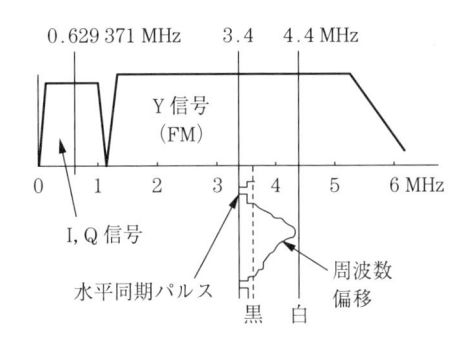

図3.28 VHSビデオテープ記録信号の周波数領域

輝度信号はSN比改善のため，122〜612 kHzの間で周波数に比例して信号レベルが上昇し，高域が約14 dB強調されるようなプリエンファシスをかけて記録され，復調でディエンファシスが行われる．

色信号は1水平走査ごとに搬送波の位相を90°変化し，かつ隣接するトラックとの位相差がつねに180°になるようにしてクロストークを減殺している．

3.4.3 音響信号の高品質記録再生

VHS方式では，図3.27に示したようにコントロール信号のトラックとは反対側のテープ縁に音響信号トラックを設け，オーディオ用カセットテープレコーダと同じ高周波バイアス方式で音響信号を記録していた．しかし，テープ速度がオーディオ用カセットより遅く，トラック幅も小さく音質が不十分だったので高品質録音のための新しい方式が開発された．現在では，画像信号用とは別の回転ヘッドを用いたFM方式による記録方式が広く用いられている．

図3.29に音響信号のFM記録方式の概念を示す．まず周波数変調（FM）された音響信号を専用ヘッドで記録し，その後に画像信号を音響信号ヘッドより広幅のヘッドでテープの浅い位置に記録する．音響信号ヘッドは±30°の画像信号とは逆角度のアジマスが与えられ，読出し時に区別しやすくしてある．

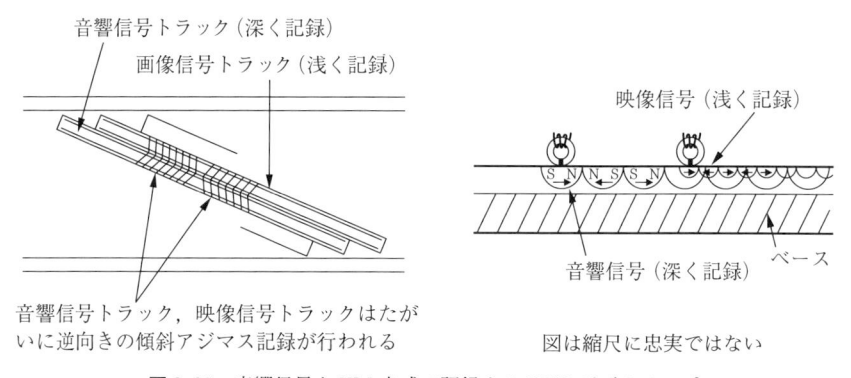

図3.29 音響信号をFM方式で記録するVHSビデオテープ

音響信号の搬送周波数はステレオの左信号が1.3 MHz，右信号が1.7 MHzであり，周波数帯域はそれぞれ±150 kHz与えられている．画像信号との周波数成分の関係は図3.30のようになり，音響信号の周波数成分は画像信号の重要な周波数領域を避けて配置されていることがわかる．

音響信号には，56 µsおよび20 µsの時定数で高域を強調するエンファシスが施されて記録される．また振幅を1/2に圧縮して記録し，復調時に伸張する．

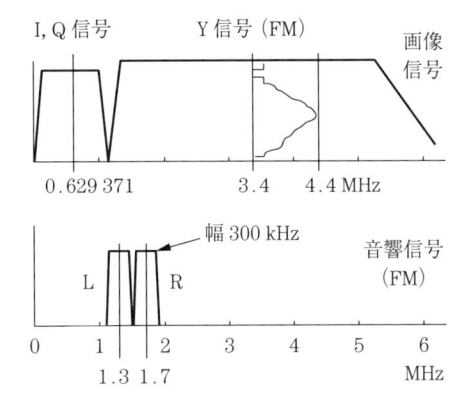

図 3.30 音響信号と画像信号の周波数領域の関係

3.5 ビデオテープを用いた音響信号の PCM 記録再生方式

CD (compact disc) に記録されるディジタル音響信号の標本化周波数は 44.1 kHz という半端な値になっている。これは 1980 年代初頭，CD が実用化されたころ，音響信号のディジタル記録再生手段として VTR がプロフェショナル用途に用いられ，また民生用ビデオカセットテープレコーダ (VHS, ベータマックス) のためのディジタル録音アダプタも商品化されており，これらに共通に用いられていた方式の定数を CD 方式が踏襲したことによる。

1970 年代半ばごろ，ビデオテープの画像記録トラックに記録できる図 3.31 のようなディジタル符号 (non-return to zero 符号：**NRZ 符号**) の速度の限界が検討され，符号誤り率 $10^{-3} \sim 10^{-4}$ を確保すると約 3 Mbps が上限であることが知られた。

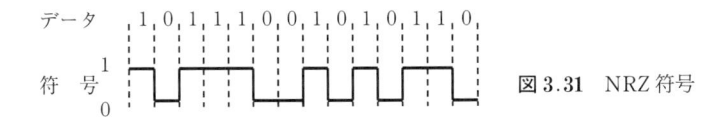

図 3.31 NRZ 符号

これより，1 水平同期単位時間 (1/15 750 秒) に記録できる bit 数は 190 以内となる。水平同期信号，データ同期方形波，白基準信号などの部分を差し引くと，データ数は 128 bit 程度が妥当である。こうして，**図 3.32** のようなディジ

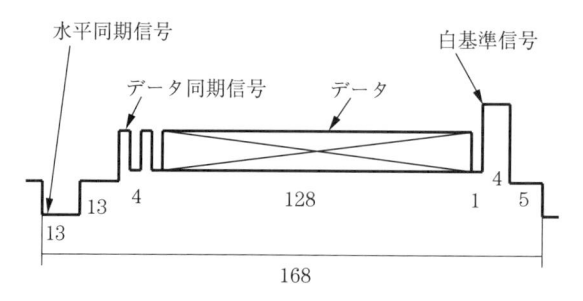

図 3.32 1水平信号への PCM 音響信号記録方式

タル信号記録方式が決められた。

一方，当時の A-D 変換器チップの状況では，1 ワード（word：語）当り 14 bit が一般的であった。この単位時間にステレオ信号を左右各 3 ワード（計 84 bit）または 4 ワード（計 114 bit）記録できる。しかし，後者では誤り訂正符号などの付加が困難となるので前者がよい。

1 垂直同期単位時間（フレーム，1/60 秒）には上記単位が 525/2 個含まれる。しかし，垂直同期 + 等化パルス部で 9，ヘッド切替えばらつき吸収分 4，頭出しなどの制御信号部 1，計 14 の水平同期単位が必要と考えると，1 フレームでデータ記録に使用できる水平同期単位は 248 以下となる。

これを 245 とすると，標本化周波数は 44.1 kHz（3 × 245 × 60）となる。このとき，この周波数，クロックパルス周波数，水平・垂直同期周波数などを約 7.05 MHz の信号から分周してつくることができ，好都合である。

NTSC 方式のみならず PAL，SECAM 方式にもこの定数が適用できることがわかったので，この方式が VTR への **PCM**（pulse code modulation：パルス符号変調）音響信号記録再生方式として定着した。

当時，ビデオテープ方式とは無関係なスタジオ，プロフェショナル用途のディジタル録音再生システムでは 48 kHz の標本化周波数が一般化していた。CD 方式を決定するにあたりこれと上記の 44.1 kHz とが比較されたが，当時のフィルタ構成技術からみて 44.1 kHz でも十分 20 kHz の信号帯域上限を確保できること，マスタとして VTR を用いた PCM 記録を用いる例があること，単位時間当りのビット数が少しでも少ないほうがより長時間の信号を 1 枚

のディスクに記録できることなどの理由で，44.1 kHz が採用された．

なお，CD 方式を開発した時期には A-D，D-A 変換器チップの技術が VTR 用録音機を開発した当時と比べ進歩しており，また，広く販売される CD 方式の商品は再生専用で構成の簡単な D-A 変換器のみが使用されるので，1 ワードの長さは 14 bit ではなく 16 bit とされた．

レポート課題

1. 0.5～1.6 MHz の中波帯を用いる AM 放送は 1920 年代から開始されたが，テレビジョンの放送はこれに 10 年以上遅れた．一つの理由はテレビジョン信号の放送には技術的に困難の多い 100 MHz 程度の超短波帯を用いる必要があったからである．なぜこうした高い周波数の電波を用いなければならなかったかを考察せよ．
2. 周波数変調（FM）は角度変調の一種である．よく用いられる別の角度変調方式として**位相変調**（phase modulation：**PM**））があげられる．
   (1) PM における搬送波の瞬時位相と，FM における瞬時角周波数の表示式を述べよ．
   (2) 初期に試作された携帯無線電話機で，感度周波数特性が平たんでなく入力音響信号の周波数に比例するマイクロホンと FM 変調回路との組合せにより PM 波を得ていた例がある．上記（1）の表示式よりこれが可能な理由を考察せよ．
3. カラーテレビジョンにおける NTSC 方式と PAL，SECAM 方式を比較し，それぞれの特徴を考察せよ．また世界の主要国で採用している方式を地図に色分けして示せ．
4. VHS 方式とベータ方式を比較し，両者の特徴を考察せよ．
5. 家庭用ビデオテープレコーダの音声部は，当初はオーディオ用カセットテープレコーダと同じ固定ヘッド高周波バイアス記録方式をとっていたが，現在は回転ヘッド FM 記録方式が主流である．オーディオ用にはいまでもカセットテープが使われているのに，なぜこのような状況になったか，理由を考察せよ．

4 線形ディジタルシステム

4.1 なぜディジタルシステムを用いるか

本章以下では信号をディジタル形式で取り扱うシステムを述べる。われわれの扱うディジタル信号は電気信号，または電気への変換を前提とする光信号である。この種のディジタル信号の利用はマルチメディアシステム技術の根幹であり，むしろディジタル電子システム技術の普及によってマルチメディアシステムが現実のものになったといって過言でない。

聴覚，視覚などによる人と外界とのコミュニケーションは，すべてアナログ信号によっている。数字のやり取りはディジタル信号といえるが，数字を読み上げる声を聞く，相手の指の数や算盤の珠の位置を見るといった行為でもメディアは音，光などアナログ信号である。したがって，ディジタル電気信号を駆使するシステム（以下，**ディジタルシステム**と呼ぶ）を構築するには，下記のインタフェースの利用が不可欠となる。

① 音，光などの信号とアナログ電気信号との間の変換器（**トランスデューサ**，transducer：マイクロホン，カメラ，スピーカ，動画像ディスプレイなど）

② アナログ電気信号とディジタル電気信号との間の変換器（A-D，D-A変換器）

このようなシステムの概念を**図 4.1**（a）に示す。電子式卓上計算機（以下，電卓）やパソコンのキーボードなどは指の機械的な動きを直接ディジタル信号

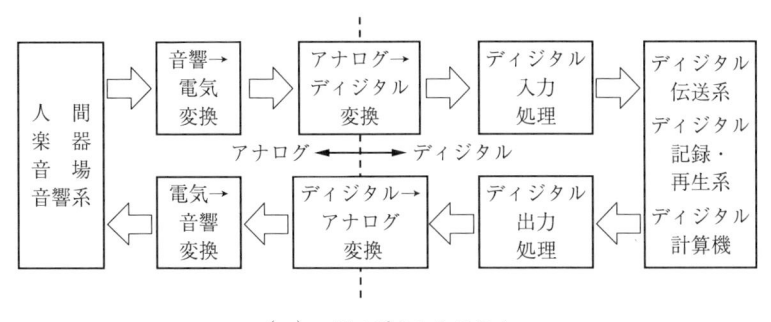

4.1 なぜディジタルシステムを用いるか

(a) ディジタルシステム

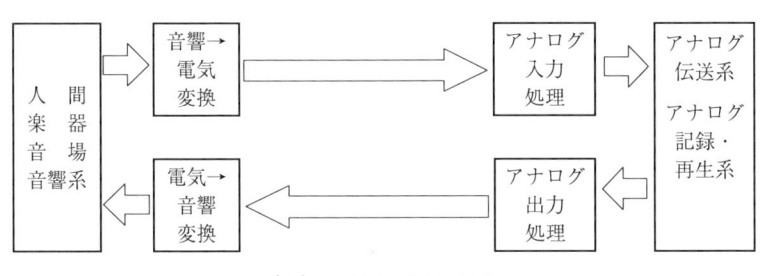

(b) アナログシステム

図4.1 音響信号を例としたディジタルシステムとアナログシステム

に変換し，また電卓の7セグメントディスプレイはディジタル信号を直接可視化するが，音声，音楽，動画像のような時間当りの情報密度の濃い信号を対象とするシステムではアナログ電気信号の仲介が一般的である。

旧来の電話機などのアナログ電気信号のみを用いるシステム（以下，**アナログシステム**と呼ぶ）の概念を図（b）に示す。インタフェースとしては前記①のみがあればよく，ディジタルシステムに比べ単純である。にもかかわらず複雑なディジタルシステムの利用が有利なのはなぜか，ここで考察してみよう。

歴史上，ディジタルシステムを最初に実用化したのは後述するように電話伝送システムであった。3.1.2項で述べたとおり，電話システムでは周波数分割方式によるアナログ電気信号の多重化システムが広く用いられていたが，これが4.5節で述べる時分割ディジタル多重化システムに1960年代より急速に交代した。その理由はつぎのとおりである。

① トランジスタに代表される半導体の性能改良，価格低下により高性能の

電子スイッチを用いるディジタルシステムの価格が低下し，多数のアナログフィルタを用いるアナログシステムより有利になった。ICの出現でこの傾向が加速された。

② ディジタル信号は0または1 (2値システムの場合) のように信号のとる値が決まっており，またその出現周期も与えられているので，雑音により信号波形が変化しても元の波形を復元でき，信頼性の高いシステムを構築できる。一方，アナログ信号は実数のすべての値をとる連続信号のため擾乱を受けると復元できないので，信号の伝送，記録再生系に高い性能を要求する。

その後，マイクロコンピュータチップと高速大容量の半導体メモリチップが実用化されると，データを蓄積して時間軸を変更することが可能となり，ディジタルシステムはつぎのようにさらに使いやすいものとなった。

③ 信号をメモリに蓄え，並べ替えや演算処理を行って冗長度を上げて伝送，記録再生を行うと，ディジタル信号は外部からの擾乱に対してさらに強じんとなる。

これを最大限に活用した初期の例が，3.5節に述べたビデオカセットテープシステムを用いたディジタル録音再生システムと，これを母体としたCDシステムである。

一方，信号の処理や伝送が高速化されたため，信号の流れを小さな単位に区切り，時間的な余裕をもって扱うことが可能になった。さらに，通常のディジタルコンピュータはプログラムやパラメータまでメモリに蓄積する方式をとっており，例えば，フィルタ演算の係数などは稼働中に自由に変更が可能である。このため，つぎのような特徴が顕著になった。

④ 信号の流れを区切り，その先頭に信号の種類，特徴，定数などを記述したヘッダを付加したパケット形式とし，ヘッダの情報に従ってきめ細かく取り扱うことが可能となり，多種多様な信号を取り混ぜて伝送，処理する真のマルチメディアシステムが実現された。

⑤ 信号の性質や定数，または伝送路の状況を時々刻々観察し，処理システ

ムの定数 (例えば1単位の処理のために切り出す信号素片の長さ) や処理方法 (例えば変調のためのアルゴリズム) を適応して選択し，その選択の情報を処理された信号とともに復号側に送ることにより，非常にきめの細かい処理システムが実現できる

以下の各節ではこうした技術の具体的な例を説明する．

4.2 音声，音響信号のディジタル化とコンパクトディスク (CD)

アナログ信号のディジタル化の基本は，連続な信号を切り抜いて飛び飛びの信号 (離散信号) とし，その値を有限の数字の並びで表すことである．ここでは最も一般的な，2進数値による**パルス符号変調 (PCM)** 方式を述べ，これを応用したシステムとしてCDシステムに着目する．フィリップス社およびソニー社により実用化され，1982年に発売されたCDシステムは，民生用として成功したディジタル記録再生システムの最初のものであり，ハードウェア，ソフトウェアいずれの技術もその後のディジタルシステムに大きな影響を及ぼした．

PCMに代表される信号の波形をなるべく忠実に保存してディジタル化するシステムを線形ディジタルシステムと呼ぶ．これに対して，信号の冗長度の除去などの目的で波形などの信号の性質や情報量を変更してディジタル化するシステムを，非線形ディジタルシステムと呼ぶ．両者の境界は必ずしも明確ではない．例えば，CDシステムは線形ディジタルシステムの見本とされるが，使用者に見えない内部では信号に高度の数値処理を施している．

4.2.1 標 本 化

3章までに述べた音響信号や画像信号は時間的に連続で，どの瞬間にも信号の存在が仮定される．こうした信号から一定の周期で瞬時値を切り出し，標本の並列に変換することを**標本化** (sampling) と呼び，その周期を**標本化周期**

(sampling period：単位は s)，その逆数を**標本化周波数**(sampling frequency：単位 Hz) と呼ぶ．連続信号は標本化によりパルスの列に変換され，個々のパルスの頂上の高さが信号の値とされる．パルスの間の情報は捨てられ，0 に置き換えられる．

正弦波信号を標本化した例を図 4.2 に示す．

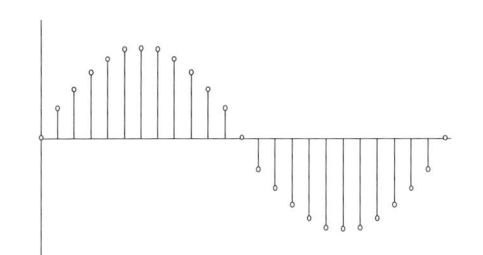

いろいろの高さのパルスの列となる．図の ○ 印はパルスの頂上の位置を示す．

図 4.2　正弦波信号の標本化

ディジタルシステムでは信号を整数の列として取り扱うので，一定時間に扱うことのできる情報の量は有限である．したがって，アナログ信号の標本化は不可避であり，これによる擾乱の影響を吟味しておく必要がある．

高い標本化周波数，すなわち短い標本化周期を用いれば高い周波数の信号の情報まで正しく変換できることは想像できるが，実は標本点以外の信号を捨てると重大な問題が起こる．図 4.3 は周波数 f の正弦波信号をその 1/4 の周期で標本化し，黒丸以外の信号を無視した例だが，標本化信号のみでは $3f$, $5f$, … の周波数の信号を標本化した場合と区別ができなくなる．したがって，これをアナログ信号に復調するとこれらの周波数の成分が発生してしまう．これを**エリアシング**(aliasing：異名現象) と呼ぶ．一方，入力アナログ信号の周

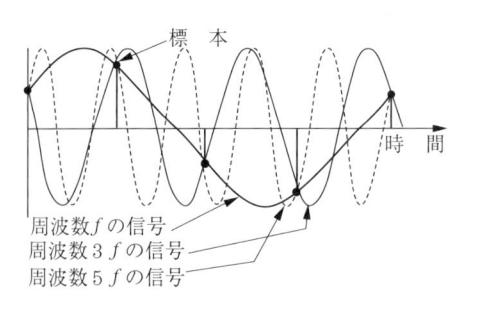

周波数 $3f$ または $5f$ の信号を標本化周波数 $4f$ で標本化すると，周波数 f の信号を標本化周波数 $4f$ で標本化したものと区別がつかない．

図 4.3　標本化の問題点

波数が $3f$ であったら，これより低い周波数 f の信号が発生してしまう．こうした周波数成分の発生を折返し現象と呼ぶ．

こうした擾乱を避けるためには，下記の**ナイキストの定理**に注意する必要がある．

「**標本化周波数は，伝送すべき信号の最も高い周波数成分の2倍より高くなければならない**」

図 4.4 に示す信号の周波数領域表示を用いてこれを理解しよう．図(a)のような周波数帯域をもつアナログ信号を標本化周波数 f_s で標本化すると，周波数領域では図(b)のような高調波成分が現れて周期的になる．これは 1.3.2 項で述べたように，時間領域で飛び飛びの信号は周波数領域では周期的な信号となることに対応する結果である．原信号の上限周波数が標本化周波数の 1/2 以下であれば，高調波が発生してもこれと混じることはないが，図(c)のようにこれが標本化周波数の 1/2 より高い場合は，図(d)のように高調波（折返し信号）との混合が発生し，後で分離できない．

したがって，ディジタルシステムでは入力アナログ信号をまず標本化周波数の半分より低い遮断周波数のローパスフィルタに通してから標本化し，また復

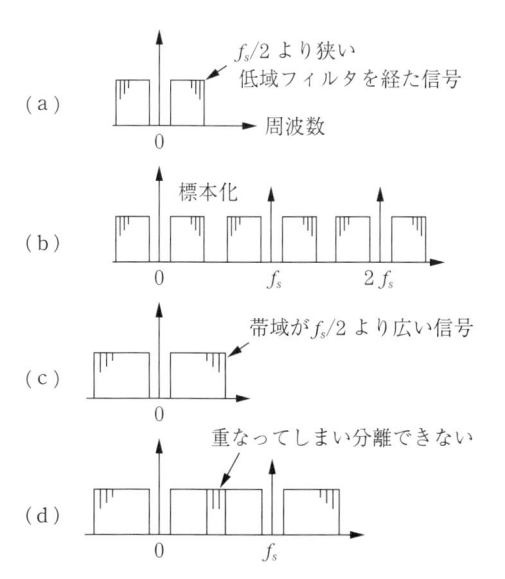

図 4.4 周波数領域での標本化

調したアナログ信号を同じ遮断周波数のローパスフィルタに通せば原信号を変形させないで取り出すことができる。このフィルタを**アンチエリアシングフィルタ**（anti-aliasing filter：折返し防止フィルタ）と呼ぶ。

2.2節で述べたように，人の耳で聞き取ることのできる最高周波数はおおむね20 kHzと考えてよい。このため，CDシステムではアンチエリアシングフィルタの遮断周波数を20 kHzとした。低域フィルタの遮断特性の乱れを勘案すると標本化周波数はこの2倍の40 kHzよりやや高い値が好ましいので44.1 kHz（周期22.68 µs）が選ばれた。このような半端な周波数になった経緯については3.5節を参照されたい。

4.2.2 量　子　化

アナログ信号のディジタル化にあたっては，個々の標本の値も有限個の整数で表すことになる。したがって，電圧，音圧などの物理量も飛び飛びの値で表される。これを**量子化**（quantization）と呼ぶ

4桁の2進数（4 **bit** 長の符号）で標本の大きさを表す場合を**図 4.5**に示す。

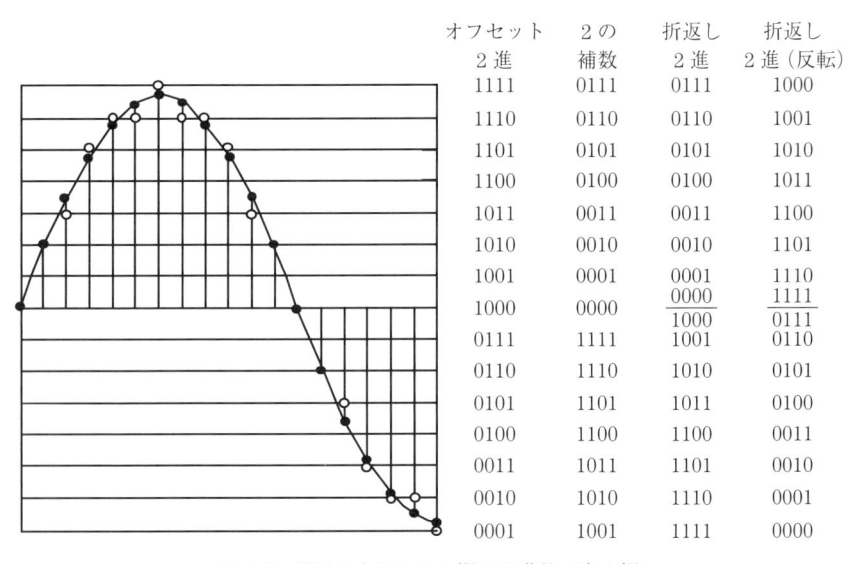

オフセット2進	2の補数	折返し2進	折返し2進（反転）
1111	0111	0111	1000
1110	0110	0110	1001
1101	0101	0101	1010
1100	0100	0100	1011
1011	0011	0011	1100
1010	0010	0010	1101
1001	0001	0001	1110
1000	0000	0000 1000	1111 0111
0111	1111	1001	0110
0110	1110	1010	0101
0101	1101	1011	0100
0100	1100	1100	0011
0011	1011	1101	0010
0010	1010	1110	0001
0001	1001	1111	0000

図 4.5　信号の大きさを4桁の2進数で表す例

4.2 音声，音響信号のディジタル化とコンパクトディスク（CD）

4 bit では 0000 から 1111 まで，2^4 すなわち 16 種類の符号しか使用できないので，これを図のように信号の正負の最大値の間を等分した値に対応させるなら，図の黒丸で示した信号の真値を図の白丸で近似しなければならない．2進数の最上位の桁を **MSB**（most significant bit），最下位の桁を **LSB**（least significant bit）と呼ぶ．

個々の値へのディジタル符号の割り振りには種々の方法があるが，音響信号や画像信号の多くは交流波形で，値は 0 を中心に正負に変化する．最も簡単なのは負の最大値を 0000 として積み上げるオフセット 2 進だが，CD，パソコンなど通常のディジタルシステムではこの上下群を入れ替えた 2 の補数が用いられる．この方法では MSB は符号（0 は正，1 は負）を表すことになる．後述するように電話信号の伝送には折返し 2 進（反転）が用いられる．

このように量子化では，信号の値を飛び飛びの値に置き換えるので信号の波形にひずみを生じる．例を図 4.6 に示す．特に振幅の小さな信号は使用可能な 2 進数値が減少するのでひずみが増大し，波形の狂いがひどくなる．このひずみを **量子化ひずみ**（quantization distortion）と呼ぶ．このひずみは信号に雑音（量子化雑音）を付加する．

一方，上下の限界値をはみ出す値は絶対にディジタル値で表現できないので，信号の最大値とアナログ段の利得設定との関係を十分吟味する必要がある．

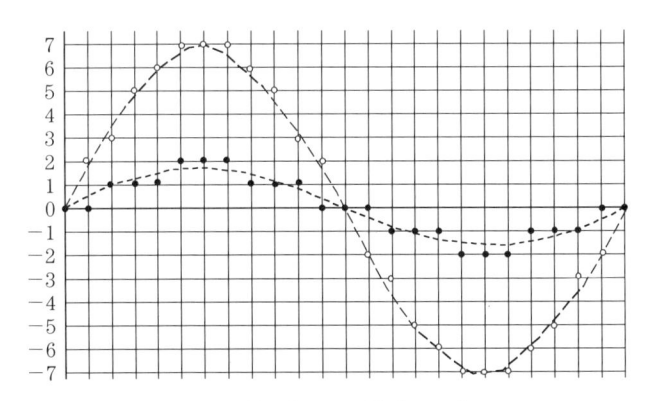

図 4.6　量子化による波形のひずみ

ディジタルシステムでは，量子化に用いる 2 進数を**ワード**または**語**と呼び，その桁数を**ワード長**または**語長**（単位は bit）と呼ぶ．またコンピュータ分野と同じく，8 bit 長を 1 単位と考えて **1 byte** と呼ぶ．一方，個々のワードに対応する信号値を**量子化ステップ**と呼ぶ．図 4.5 の例では語長 4 bit (1/2 byte)，量子化ステップ数は 16（うち 15 ステップを使用）であった．

量子化ひずみを低減するには語長が長いほうがよい．また，量子化ステップの間隔は取り扱う信号の最小値より小さいほうがよい．2.2 節で述べたように人の耳のダイナミックレンジは 120 dB (10^6 倍) に達するので，語長は 21 bit（ステップ数 2^{21} すなわち正負それぞれ 1 048 575 ステップ）以上が理想ということになる．

CD システムでは当時使用可能な A-D，D-A 変換器 IC での現実的な値として語長 16 bit を採用した．ステップ数は正負それぞれ 32 767 となるが，この値は高級なオーディオ用アナログ電子機器の**ダイナミックレンジ**（雑音レベルから最大信号レベルまで）に比較して遜色がないものであった．

4.2.3　CD のハードウェア

PCM（パルス符号変調）を用いた記録再生方式を実現する方法は多種多様だが，CD システムはディジタルシステムの特徴である．

- 信号レベルは 0 または 1 のいずれかに決まっている
- 高速なコンピュータ処理が使える
- 信号をメモリに記憶して時間軸を自由に変更できる

を最大限に利用しており，成功した PCM システムの好例とされている．

CD の記録媒体とそれに刻まれている**ピット**の構成を**図 4.7** に示す．ピットの列は**トラック**と呼ばれる．基板はポリカーボネート製の円盤で，その読出し面の反対側（レーベル側）にディジタル情報が窪み（バンプ）として記録されており，その面にはアルミニウムなどの金属を蒸着して光を反射しやすくしてある．ピットの幅は 0.5 μm，深さ 0.11 μm，隣のピットとの中心間隔は 1.6 μm と，旧来のアナログディスクなどに比べきわめて高密度記録となっている．

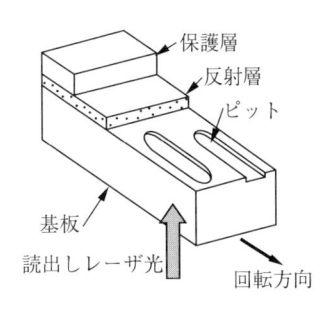

4.2 音声，音響信号のディジタル化とコンパクトディスク (CD)

図 4.7 コンパクトディスクとそれに刻まれているピットの構成

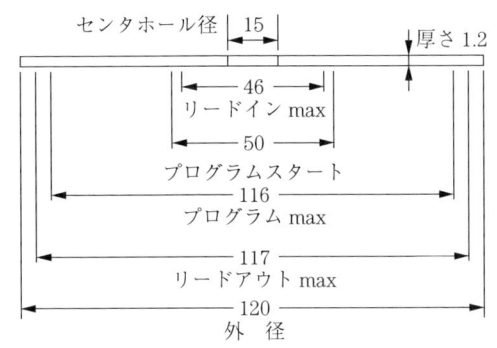

図 4.8 コンパクトディスクの寸法（単位：mm）

　円盤の寸法を**図 4.8**に示す．記録媒体は厚さ 1.2 mm，直径は 120 mm（図示）または 80 mm である．信号はプログラム記録部の内周から記録される．最内周にはリードイン，最外周にはリードアウトと呼ばれるディジタル情報が記録され，その間に音響信号がディジタル記録されるプログラムエリアをとる．記録できる音響信号は最長 74 分であり，これより短いときには外周部が余ることになる．

　記録されたディジタル情報の読出しは線速度一定（例えば 1.25 m/s）で行われるので情報記録密度は内外周を問わず一定であり，したがって，ディスクの回転速度は読出し位置が外周に行くに従って遅くなる．これは音楽のような逐次読出し情報に適した方法で，ランダムアクセスが原則のコンピュータ用途では，読出し位置の変化に応じて回転速度を急変する必要が生じ，高速化の障害となった．

　情報の読取りは，出力波長 0.78 μm（赤外線）の半導体レーザによる光を基板を通して記録面に照射することにより非接触で行われる．記録面での光のビームスポットの直径は収差の少ない非球面レンズにより 1.7 μm（波長の約 2 倍）に制御される．焦点調節の自動制御を行うが，これが CD メディアの反りなどの寸法誤差のほか，温度変化などによるレンズの変形の影響も吸収するので，レンズは安価なプラスチック製でよい．

ピット以外の位置では光ビームは反射されて明るい。しかし，ピットの場所では図 4.9 に示すようにピット部と周辺部とで反射面がほぼ同面積となるようにビームスポットとピットの幅を選択してあり，また，ピット底からの反射光が周囲の反射光と逆の位相になるようにピットの深さを決めてあるので，ピット内外の反射光が相殺されて暗くなる。この明暗の変化の時間間隔より情報が読み出される。

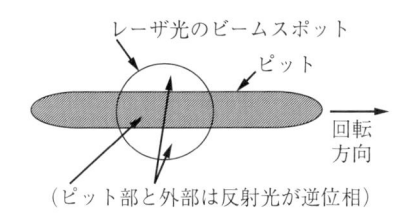

図 4.9 ピットの幅と光ビームスポットの大きさの関係

記録面が完全反射ならピットの深さが波長の 1/4 のときに内外の反射波が逆位相となって最良の条件となるが，実際にはディスク材料の屈折率が 1.5 なので $1/(4 \times 1.5)$ に近くなるようピット深さを選択してある。

この現象は，ビームスポットがピットの刻まれたトラックを正しくたどるように制御する手段にも使われる。例えば，前後に別のビームスポットを用意しておき，これらの明るさが最小になるようにスポット位置を制御すればよい。

4.2.4 CD の信号記録方式とインタリーブ

CD では 1 ワードの長さは 16 bit である。これをシンボルと呼ばれる 8 bit 長の符号に 2 分割し，処理の単位とする。

このシンボルを図 4.10 に示すように 14 bit 長の符号に変換する。14 bit の符号は 8 bit 符号に比べ 64 倍の種類があるが，そのなかから

- "1" は連続しない
- "1" と "1" との間の "0" は 2 以上 10 以下の数が必ず連続する

という条件を満たす符号を用いる。この変換表は IEC 規格で規定されている。図の例 "01000100100010"，"10001001000000" が，両端以外ではこれを満たし

4.2 音声，音響信号のディジタル化とコンパクトディスク（CD）

```
シンボル      "WiA"（ワードの前半）          "WiB"（ワードの後半）
           0 1 1 0 0 1 0 1            0 0 0 0 1 0 1 1

変換され  |0 1 0 0 0 1 0 0 1 0 0 0 1 0|0 0 0|1 0 0 0 1 0 0 1 0 0 0 0 0 0|1 0 0|
た 信 号  |        WiA の分          |付加 |         WiB の分          |付加 |
                                    |ビット|                          |ビット|
                                    |1～3 |                          |1～3 |
```

記録波形

ピットの形   　　くぼみ

時間の流れ →

図 4.10　コンパクトディスクの符号記録方式

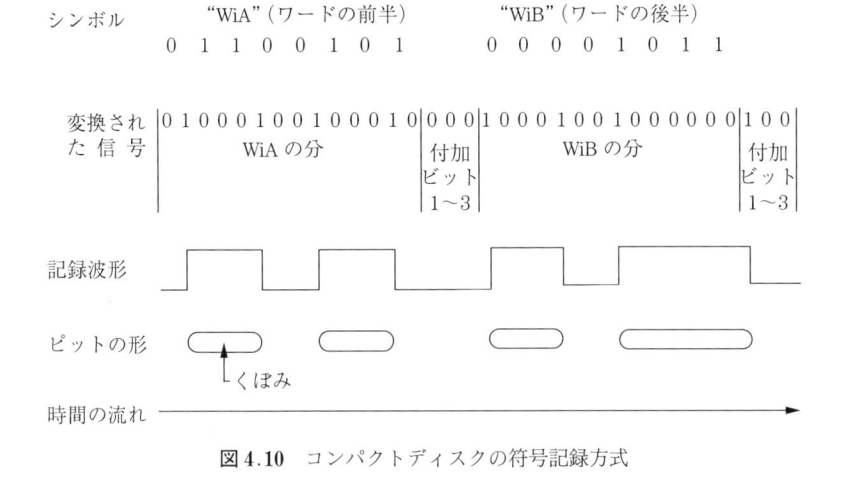

ているのは明らかであろう。

しかし，このまま 14 bit 長のシンボルを並べると継ぎ目で上記の条件が崩れることがある。例えば図 4.10 の例では "0" が 1 個となる。そこでシンボル間に 000，100，010，001 のいずれかを挿入して上記条件に合わせる。

これを図に示すように "1" のところでピットが始まり，終わるように記録する。読取りにあたっては反射光の明るさの変化する点より "1" を読み出し，別に生成した十分な精度のクロック信号を参照して "1" の間の "0" の数を求めればよい。

CD の信号記録は，上記のようにきわめて小さなピットの微妙な長さ変化により行われる。したがって小さなきず，汚れなどによる符号の読取り誤りが激しいのが大きな問題点となる。CD システムでは 256 bit（32 byte）のデータを 1 ブロックとして取り扱うが，規格では 10 秒間でのブロック誤り率（1 bit 以上の誤りを含むブロックの生じる確率）を 0.03 以下と規定している。256 bit 単位のブロック群の 3% が変形するのは信号再現に大きく影響することが想像できる。さらに盤面のきず，ごみの存在により十数ブロックの信号が連続して誤ることがある。CD システムではこうした不完全な読み出しを，信号記憶と計算処理の組合せにより救済している。

4. 線形ディジタルシステム

その一つは，**インタリーブ**（interleave）と呼ばれる信号の並べ替えである。標本化周波数が十分であれば音響信号波形には急激な変化は少ないので，短い符号誤りなら前後の信号の線形補完値などの予測値と比べていれば異常な値を検出でき，またその予測値と置き換えて誤り訂正も可能である。しかし，長い連続誤りは正しい値の予測ができないので訂正が困難となる。そこで，故意に信号単位（CDではシンボル）の順序を変えて記録し，再生時に正しい順序に並べ直して長い信号誤りを分散させるのがインタリーブによる誤り検出，訂正の原理である。元の順序への並べ直しを**デインタリーブ**と呼ぶ。

簡単な例を考える。**表4.1**のように並んだシンボルを記録再生するとする。

表4.1

…	-4	-3	-2	-1	0	1	2	3	4	5	6	7	8	9	10	…

表4.1を**表4.2**のように列，行に配置して二次元の表にする。

表4.2

…	-1	2	5	8	11	…
…	0	3	6	9	12	…
…	1	4	7	10	13	…

2行目を2シンボル，3行目を4シンボル遅延させる（**表4.3**）。

表4.3

…	-1	2	5	8	11	…
…	-6	-3	0	3	6	…
…	-11	-8	-5	-2	1	…

これを1列に並べ，記録する（**表4.4**）。

表4.4

…	-1	-6	-11	2	-3	-8	5	0	-5	8	3	-2	11	6	1	…

並べ替えの手順がわかっていれば，これを読出し時に元の順序に並べ直すことができる。これがデインタリーブである。いま，この一部分のうち，**表4.5**の×印の部分が連続して誤ったとする。

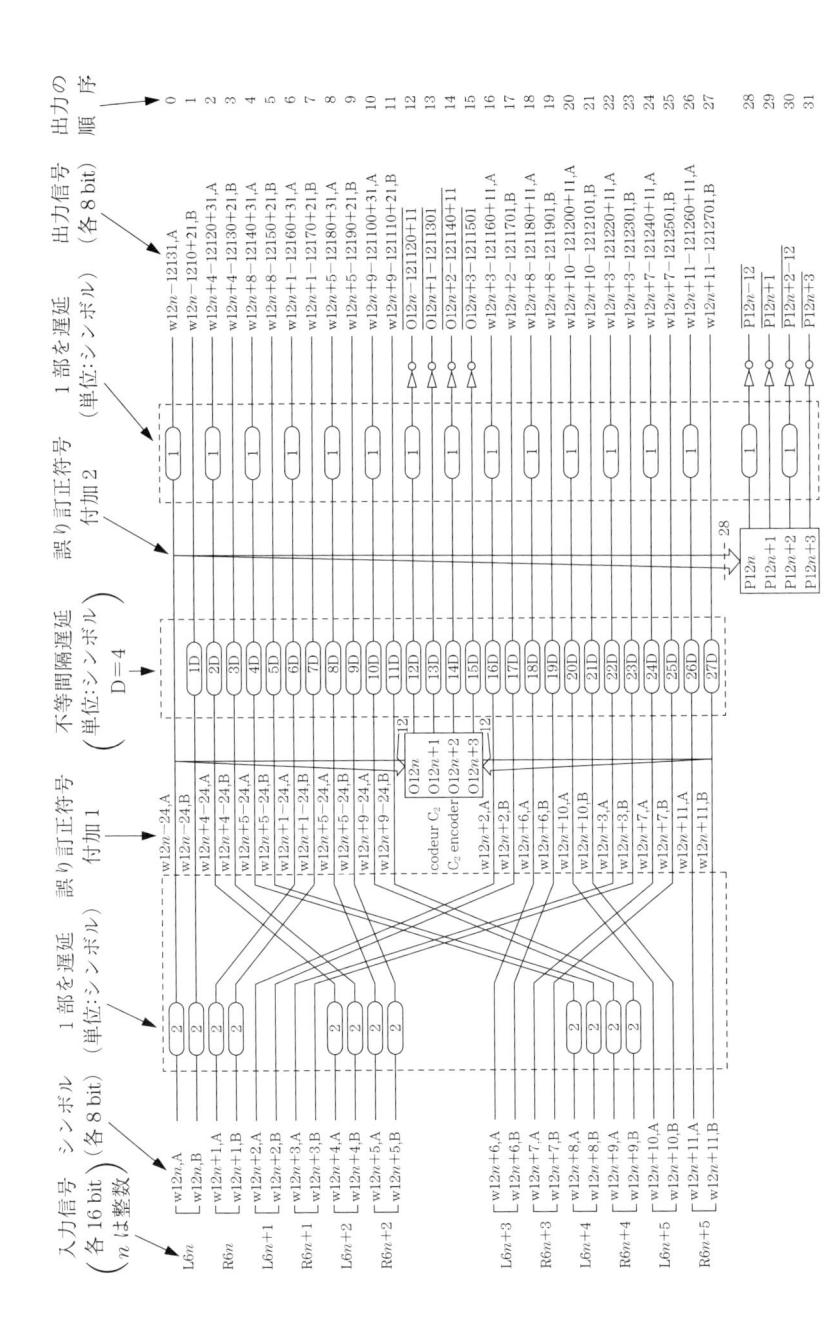

4.2 音声，音響信号のディジタル化とコンパクトディスク（CD）

図4.11 コンパクトディスクシステムのインタリーブ方法（IEC 60908 "Compact disc digital audio system" による）

表 4.5

…	-1	-6	-11	2	-3	-8	5	×	×	×	×	×	11	6	1	…

これだけ連続して誤ると原信号の復元は難しい.しかし,デインタリーブを行うと誤った信号が表 4.6 のように分散され,前後の信号から近似値を知ることが可能となる.

表 4.6

…	-4	-2	×	-1	×	1	2	×	4	5	6	7	×	9	10	…

実際の CD システムで用いられているインタリーブのチャートを図 4.11 に示す.長円形の中の数字は遅延量を表す.途中で**リード・ソロモン符号**(RS 符号)と呼ばれる四つのシンボルからなる誤り訂正符号を二度付加している.これは 4.2.5 項で解説する.出力される 32 のシンボルの組みがフレームと呼ばれ,書込みの 1 単位となる.前述のように 8 bit のシンボルを 14 bit に変換し,最初にフレームの開始を表すフレーム同期信号を付加する.これは"1"の後に"0"が 11 個続くパターンを 2 回繰り返す 24 bit の符号である.11 回連続の"0"は本来のシンボルにはないので,ほかと区別できる.これにシンボル間の 3 bit を付加すると,1 フレームは 588 bit となる.これを図 4.10 の要領でディスクにピットとして刻んでいく.

再生ではこれらの逆の手順の処理を後述の誤り検出,訂正と併せて行い,原信号を取り出せばよい.

4.2.5 符号付加による誤り訂正方式

4.1 節で述べたように,ディジタル信号を利用する利点の一つは信号のとる値が一定値,例えば 0 または 1 に決まっており,擾乱を受けた信号から元の波形を再生できることであった.これを拡張し,信号に余分の情報を付加することにより特別な数学的性質を与えておいて伝送または記録し,受信または再生のときにこの性質を吟味して信号の変形や欠落を検出し,修正する技術が,コンピュータチップの普及とともに広範に用いられるようになった.再生時に信号の変形が激しい CD システムは,こうした技術の導入により初めて実用可能

4.2 音声,音響信号のディジタル化とコンパクトディスク (CD)

となったといえる。

簡単な例として**パリティチェック**(奇偶検査)に着目しよう。**表 4.7** に簡単な例を示す。表の左の列のような 3 bit の信号を送るにあたり,中央列のような余分の 1 bit 信号を付加し,右の列のようにワード内の"1"の数が必ず奇数になるようにする。伝送する情報量は冗長となるが,受信側ではワードごとに"1"の数を監視し,奇数でないときには符号誤りと判断して再送要求などの対処ができる。この方法は簡単な割に効果があり,コンピュータの記憶装置などに広く用いられている。ある例では 16 bit の信号に 1 bit を付加することにより,誤りの残存率が 2 桁以上改善されたという。

表 4.7 パリティチェックを行う信号の例

原信号	付加ビット	送出信号
000	1	0001
001	0	0010
010	0	0100
011	1	0111
100	0	1000
101	1	1011
110	1	1101
111	0	1110

CD ではさらに手の込んだ,誤りの検出のみならず訂正までできるリード・ソロモン符号を応用した方式が用いられている。簡単な例をあげよう。ある bit 数のワードからなる信号 W_1, W_2, W_3, W_4 を伝送すると考える。これに余分のワード P_1, P_2 を加えて誤り訂正機能を実現する。

ここで H マトリクスと呼ばれるパリティ検査行列 (4.1) を定義する。

$$H = \begin{bmatrix} 1 & 1 & 1 & 1 & 1 & 1 \\ T^5 & T^4 & T^3 & T^2 & T & 1 \end{bmatrix} \tag{4.1}$$

T としてはある多項式の根で,べき乗の数が有限(つまり何回もべき乗していくと T^n が T に戻る単位元)で,四則演算が定義される数値の集まり(ガロア体)を用いる。実際には加算,乗算は数表としてメモリ内に用意しておく。

H マトリクスを用いて

$$\begin{cases} S_1 = W_1 + W_2 + W_3 + W_4 + P_1 + P_2 = 0 \\ S_2 = T^5 W_1 + T^4 W_2 + T^3 W_3 + T^2 W_4 + TP_1 + P_2 = 0 \end{cases} \quad (4.2)$$

という連立方程式を立てる．未知数は P_1 と P_2 の二つであるからこの連立方程式を解いて値を確定できる．これを四つの W とともに記録するわけである．

読出し時には上記の S_1, S_2 を計算する．これらはシンドロームと呼ばれ，誤りがなければ 0 になる．

それでは誤りがあったらどうなるだろうか．いま

$$W_3 \to W_3 + e \quad (4.3)$$

という誤りが発生したとする．このときシンドロームを求めると

$$\begin{cases} S_1 = W_1 + W_2 + (W_3 + e) + W_4 + P_1 + P_2 = e \\ S_2 = T^5 W_1 + T^4 W_2 + T^3 (W_3 + e) + T^2 W_4 + TP_1 + P_2 = T^3 e \end{cases}$$
$$(4.4)$$

という 0 でない値となって誤りのあったことがわかる．比 S_2/S_1 を求めると T^3 となって W_3 が誤ったことがわかる．また S_1 が e そのものであるから訂正もできる．

リード・ソロモン符号を応用した方式は，誤り訂正能力の割に信号の冗長度が低く，また復号演算が簡単であるなどの利点がある．実際のCDでは図4.11に示したように2か所で四つのシンボルを付加している．その H マトリクスをつぎの式に示す（IEC 60908 "Compact disc digital audio system" による）．

$$H_p = \begin{bmatrix} 1 & 1 & 1 & 1 & 1 & 1 & 1 & 1 & 1 & 1 & 1 & 1 & 1 & 1 & 1 & 1 \\ T^{31} & T^{30} & T^{29} & T^{28} & T^{27} & T^{26} & T^{25} & T^{24} & T^{23} & T^{22} & T^{21} & T^{20} & T^{19} & T^{18} & T^{17} & T^{16} \\ T^{62} & T^{60} & T^{58} & T^{56} & T^{54} & T^{52} & T^{50} & T^{48} & T^{46} & T^{44} & T^{42} & T^{40} & T^{38} & T^{36} & T^{34} & T^{32} \\ T^{93} & T^{90} & T^{87} & T^{84} & T^{81} & T^{78} & T^{75} & T^{72} & T^{69} & T^{66} & T^{63} & T^{60} & T^{57} & T^{54} & T^{51} & T^{48} \\ 1 & 1 & 1 & 1 & 1 & 1 & 1 & 1 & 1 & 1 & 1 & 1 & 1 & 1 & 1 & 1 \\ T^{15} & T^{14} & T^{13} & T^{12} & T^{11} & T^{10} & T^9 & T^8 & T^7 & T^6 & T^5 & T^4 & T^3 & T^2 & T^1 & 1 \\ T^{30} & T^{28} & T^{26} & T^{24} & T^{22} & T^{20} & T^{18} & T^{16} & T^{14} & T^{12} & T^{10} & T^8 & T^6 & T^4 & T^2 & 1 \\ T^{45} & T^{42} & T^{39} & T^{36} & T^{33} & T^{30} & T^{27} & T^{24} & T^{21} & T^{18} & T^{15} & T^{12} & T^9 & T^6 & T^3 & 1 \end{bmatrix}$$
$$(4.5)$$

$$H_q = \begin{bmatrix} 1 & 1 & 1 & 1 & 1 & 1 & 1 & 1 & 1 & 1 & 1 & 1 & 1 & 1 \\ T^{27} & T^{26} & T^{25} & T^{24} & T^{23} & T^{22} & T^{21} & T^{20} & T^{19} & T^{18} & T^{17} & T^{16} & T^{15} & T^{14} & T^{13} & T^{12} \\ T^{54} & T^{52} & T^{50} & T^{48} & T^{46} & T^{44} & T^{42} & T^{40} & T^{38} & T^{36} & T^{34} & T^{32} & T^{30} & T^{28} & T^{26} & T^{24} \\ T^{81} & T^{78} & T^{75} & T^{72} & T^{69} & T^{66} & T^{63} & T^{60} & T^{57} & T^{54} & T^{51} & T^{48} & T^{45} & T^{42} & T^{39} & T^{36} \\ & & & & 1 & 1 & 1 & 1 & 1 & 1 & 1 & 1 & 1 & 1 & 1 & 1 \\ & & & & T^{11} & T^{10} & T^{9} & T^{8} & T^{7} & T^{6} & T^{5} & T^{4} & T^{3} & T^{2} & T^{1} & 1 \\ & & & & T^{22} & T^{20} & T^{18} & T^{16} & T^{14} & T^{12} & T^{10} & T^{8} & T^{6} & T^{4} & T^{2} & 1 \\ & & & & T^{33} & T^{30} & T^{27} & T^{24} & T^{21} & T^{18} & T^{15} & T^{12} & T^{9} & T^{6} & T^{3} & 1 \end{bmatrix}$$
(4.6)

4.2.6 CD の記録内容と発展

最初に述べたように，CD の情報記録部は内周よりリードイン，プログラムエリア，リードアウトとなっている。

リードインには **TOC** (table of contents) と呼ばれる情報が記入されている。これには記録されている曲数，タイトル，時間などの目次情報が含まれる。マルチセッションの許されているコンピュータデータ CD と異なり，オーディオ用 CD では TOC は最内周の 1 か所のみにある。プログラムエリアには音楽などの音響信号が 2 352 byte（735 ブロック，2 チャネルステレオ信号で約 1/75 秒分）単位で刻まれている。また，目次の項目となっている曲または楽章単位ごとにギャップが設けられている。

このように，本来の音響信号データの前にそのデータに関する諸元を記述し，読出しにあたり最初にそれを読んで，再生の手順を整えてからデータを読むのはディジタルシステム特有の方法であり，データの内容や形式の自由度を大幅に広げることができる。こうしたインデックス部はヘッダと呼ばれることが多い。

CD は当初は一般家庭での再生専用のものとして開発されたが，パソコン分野で軽便かつ大容量のディジタルデータメディアとして歓迎され，光学的に記録できる手段とメディアが開発された。これが音響信号の記録にも用いられ，

現在では記録,再生メディアとして定着している。異種のメディアに自由に対応可能となった大きな要因としてヘッダすなわち TOC の存在があげられる。CD システムの技術はさらに発展し,DVD など多くの後継システムを生んだ。そのいくつかは 5.8 節で述べる。

最後に,CD システムの種々の定数を**表 4.8** に示す。比較対象とした PCM 電話伝送方式については 4.3 節で述べる。

表 4.8 コンパクトディスクシステムと 24 チャネル PCM 電話伝送方式の定数の比較

項 目	電話 PCM 方式	コンパクトディスク	備 考
標本化周波数	8 kHz	44.1 kHz	
信号周波数の上限	3.4 kHz	20 kHz	
チャネル数	24	2	2 チャネルステレオ
量子化ビット数	8	16	
符号化方式	折返し2進(反転)	2 の補数	
圧　伸	行う(折線)	行わない(直線)	
伝送情報量	(8 k × 24 × 8) 1.536 Mbps	(44.1 k × 2 × 16) 1.411 2 Mbps	
伝送ビットレート	1.544 Mbps 伝送情報量の 1.005 倍	2.033 8 Mbps 伝送情報量の 1.441 倍	安定な信号伝送のため情報を付加している

(注) 電話 PCM 方式については 4.3 節を参照。

4.3　音声信号の PCM 伝送:24 チャネル PCM 方式と ISDN 電話

2 章で述べたように,人の音声は周波数範囲,ダイナミックレンジのいずれも音楽などに比べて限られている。このため,伝送すべき信号が音声に限られる場合には CD などのオーディオ機器に比べ小規模なディジタルシステムで対応できる。人の音声の伝送に特化したディジタルシステムとしてディジタル電話システムに着目しよう。

4.3 音声信号のPCM伝送：24チャネルPCM方式とISDN電話

電話システムへのディジタル信号伝送技術の導入の目的は，電話回線の有効利用であった。3.1.2項で述べたように，アナログ電話信号の周波数帯域は3.4 kHzだが，電話局から顧客まで，または電話局間に設置させている2本の銅線（日本では直径0.32〜0.9 mm）からなる平衡ケーブルはさらに高い周波数まで伝送する能力があり，実際に周波数分割多重化伝送方式も導入されていた。しかし，多数の帯域フィルタと真空管を用いるアナログ方式はコストが高く，広く用いられるに至っていなかった。

半導体を用いたディジタルシステムの導入でこれが解決された。米国で1962年（日本は1965年）に実用化された**PCM電話伝送方式**は世界最初の実用的なディジタルシステムであった。当時はコンピュータチップはおろかモノリシックICも実用化されておらず，やっと信頼性の確立されたトランジスタなど個別半導体を駆使し，ディジタル回路とアナログ回路とを組み合わせたシステムが構築された。にもかかわらず，信号を非線形処理して伝送すべきディジタル情報を節約する技術が当初から導入されていたのは興味深い。

4.3.1 電話信号の標本化と量子化：信号の圧伸

PCM電話伝送方式は，最初の実用的なディジタルシステムであっただけに，標本化と量子化の定数について詳細な検討が行われた。

上記のようにアナログ電話信号の周波数帯域は3.4 kHzとされているからCDのような速い標本化は不要である。ナイキストの定理による要求値6.8 kHz，実用的なフィルタの特性を考慮した余裕，さらに従来の周波数分割伝送方式でのチャネル幅4 kHzとの整合性より，標本化周波数は8 kHzとされた。したがって標本化周期は125 µsとなる。

一方，アナログ基幹回線における最大信号レベルは2 mW，最も厳しい雑音レベルは2 000 pWとなっているので，必要なダイナミックレンジは約60 dBである。このため量子化ビット数は正負符号を含み最低10 bit程度が必要となる。しかし，従来の電話回線で伝送可能な範囲でなるべく多くのチャネルをとる，また当時の半導体の動作周波数の上限が低い，などの理由からこれを8

bit 以下に抑えるのが好ましい。

そこで，当初の PCM 電話伝送方式では相補特性をもつアナログ非線形特性素子を送信，受信側それぞれにおいて瞬時圧縮，伸張を施し，等価的に図 4.12（b）のように小振幅の信号を手厚く量子化するようにして 1 ワード当り 8 bit の語長を用いた。この方法は**圧伸**と呼ばれ，PCM 電話伝送方式における情報圧縮の方法として簡易ながら有用である。アナログ素子では送受の素子の偏差による波形ひずみが避けられないので，現在では語長 14 bit で線形ディジタル符号化した後，メモリに記録された表を参照して変換している。

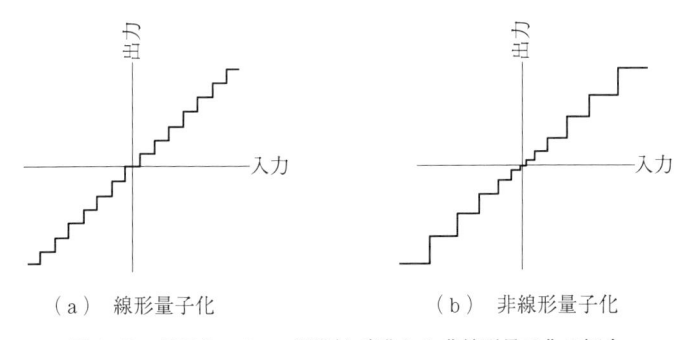

（a） 線形量子化　　　　　　　（b） 非線形量子化

図 4.12　量子化ステップ間隔を変化した非線形量子化の概念

したがって，1 チャネルの電話信号は 125 μs ごとに 8 bit，すなわち毎秒 $8\,000 \times 8 = 64\,000$ bit（64 kbps）のディジタル信号で伝送されることとなる。

一方，CD をはじめとする録音・再生分野では圧伸の利用は積極的ではない。理由として信号の編集に伴うゲイン変化や加算がやりにくくなることがあげられる。放送分野でも編集を要しない局間中継伝送では圧伸による情報圧縮が行われる。

なお，PCM の符号の形式には図 4.5 に示したような種類があるが，電話信号の符号化には折返し 2 進（反転）が用いられる。音声信号は交流波形なので中央の 0 に近い値をとることが多いが，この符号は中央の 0 に近いほど "1" の出現する確率が高いので，受信側でパルスの周期などが検知しやすくなる。

4.3.2 時分割多重方式によるディジタル伝送

3.1.2項で述べたように，電話信号を変調または符号化する目的はチャネルを多重化して電話回線を能率よく使用することであった。

ディジタル信号の多重化は時分割（time division multiplex：TDM）による。概念を図 4.13 に示す。8 bit の符号の間隔を詰め（すなわち高速化し），125 μs の単位のなかに複数のチャネルの同じ時刻の信号を並べる。

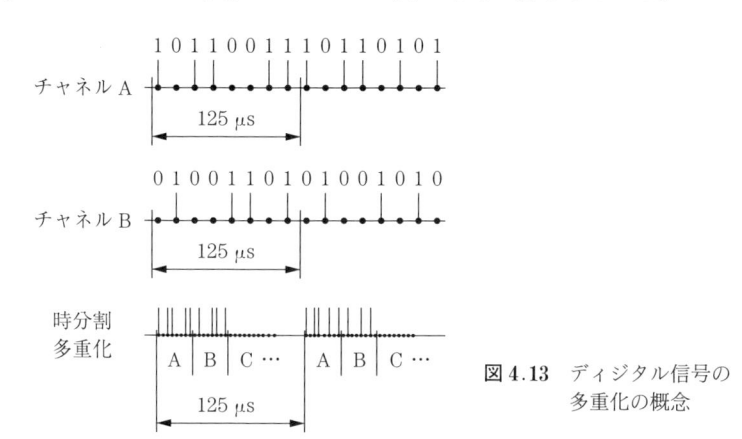

```
            1 0 1 1 0 0 1 1 1 0 1 1 0 1 0 1
チャネル A   ┣━━━━━━━━━━━━━━━━━━━━━━━━━━┫
                 125 μs

            0 1 0 0 1 1 0 1 0 1 0 0 1 0 1 0
チャネル B   ┣━━━━━━━━━━━━━━━━━━━━━━━━━━┫
                 125 μs

時分割
多重化       │A│B│C…│A│B│C…│
             ┣━━━━━━━━━━━━━━━━━━━━━━━━━━┫
                 125 μs
```

図 4.13　ディジタル信号の多重化の概念

米国および日本で実用化された最初の方式では，従来の周波数分割多重方式での値との整合を考慮して 125 μs の間に 24 チャネルを並べて 1 フレームとした。したがって 1 秒間に伝送すべき bit 単位の情報量は 1.536 Mbps となる。パルスを並べるだけでは受信側でフレームの始まりを検出できないので，これに同期パルスと呼ばれる 1 bit のパルスを付加し，合計 1.544 Mbps の情報を送受することとした。同期パルスは決められた時間間隔で一定の 0 と 1 のパターンを繰り返す（例えば 0, 0, 1, 0, 1, 1）もので，受信側でこの繰返しを検出すればフレームの始まりを知ることができる。

電話の信号は当然，上り，下り双方向に発生する。このシステムではそれぞれに別の回線を用いるので，2 対 4 本の銅線を 1 システムとしてディジタル伝送システムを構築することになる。

このシステムの利点は明瞭であった。4.1 節で述べたようにディジタル信号

はとりうる値が限られており，またパルスの繰返し周波数（周期）もわかっているので，劣悪な伝送路のため崩れた信号から元のパルス列波形を再生する「再生中継」という方法を用いることができる。一定距離（例えば2 km）ごとに再生中継を行えば情報の欠落なしに信号を長距離伝送することができる。当時の電話局間の距離はおおむね10 km程度であったが，安価な平衡ケーブル2対で電話24チャネルを伝送するディジタル伝送システムはこの局間中継用途に最適なものとされ，広範に用いられるようになった。

周波数分割多重方式と同様，時分割多重方式でも高速伝送できる伝送メディアを用いれば，上記24チャネルを1次群とし，125 μsの間に多くの1次群の符号を並べてさらに多重化していくことができる。こうした思想で電話96チャネル（24 × 4）を多重化するPCM-4 M方式，電話1 440チャネル（24 × 60）からなるPCM-100 M方式，電話5 760チャネル（24 × 240）からなるPCM-400 M方式などが実用化され，周波数分割多重方式を時分割多重方式に置き換えていった。伝送メディアには伝送周波数帯域の広い同軸ケーブル，無線（準ミリ波）などが用いられた。

現在では，わが国では現在は中継系（ネットワーク系）の伝送メディアはほとんど光ケーブルとなって様変わりしたが，信号はディジタル伝送という原則は変わっていない。一方，加入者系（アクセス系）は依然としてアナログ双方向伝送が主流だが，4.3.3項で述べるようにディジタル伝送も多く利用されるようになり。1990年代からはアクセス系への光伝送の導入も本格化された。こうした新システムでも，電話音声信号をディジタル伝送する方式は基本的に64 kbpsで，上記の符号化方法のものである。

4.3.3 ISDNシステム

時分割PCM伝送方式によって局間中継線がディジタル伝送化されてからも，電話の加入者線の信号授受方式は旧態依然の銅線を用いたアナログ双方向伝送が主流であった。電話の加入者線は中継線に比べ銅線が細く，また頻繁な工事によりタップ（分岐）の取出し，迂回などが数多くあってディジタル信号

4.3 音声信号のPCM伝送：24チャネルPCM方式とISDN電話

の伝送路としては品質が低い．このため低い伝送速度を選ぶ必要があり，また高い伝送速度を用いる場合は回線の距離に制約が生じる．

1980年代より加入者線に用いられる全ディジタル伝送方式が国際勧告化され，導入されるようになった．この方式によるネットワークは **ISDN** (integrated services digital network) と呼ばれ，電話信号のほかファクシミリ，コンピュータデータなどを統合してすべてをディジタル方式で送受するシステムである．これによって電話回線がマルチメディア化されたことになる．わが国では1997年度より電話番号の変更なしにISDNに移行することが全国的に可能となり，ISDNは既存電話網に完全に融合した．

ISDN方式にはいくつかの種類が用意された．わが国における代表的な信号インタフェース（基本インタフェース）は，二つの64 kbpsの情報チャネルと，16 kbpsの信号チャネルを多重化した合計144 kbpsの情報を1加入者分の信号とするもので，前者を電話通話に用いるときには4.3.1項で述べた非線形量子化PCM電話方式による．日本ではINSネット64と呼ばれる電話2回線分のサービスに用いられる．4.3.2項で述べた24チャネルPCM伝送方式と異なり，既設の1対（銅線2本）の電話回線で送受両方の信号を伝送しなければならないので，信号伝送方式に工夫が必要となる．

日本のシステムで用いられているのは **TCM** (time compression multiplex) **方式**，別名 **ピンポン伝送方式** と呼ばれる交互伝送方式で，伝送すべき信号を2.5 msの長さに分割し，瞬時速度を上げることにより時間長を短縮して，時分割で交互に伝送するものである．信号授受が卓球のボールのやり取りを連想させるのが名称の由来であろう．瞬時速度は144 kbpsの2倍以上とする必要があり，余裕をみて320 kbpsの速度が用いられる．信号はパルス波のため高調波が大きく，ピーク（100〜200 kHz）に比べ30 dB減衰する周波数は1 MHz以上となる．

日本以外では，エコーキャンセラ方式により双方向の信号を同時に送受する例が多い．送受端でエコーキャンセラ（4.4節参照）を用いて自分の送信信号が自分の受信側に戻るのを防止すると瞬時速度の高速化なしに同時に授受でき

る．さらに伝送方式を工夫して高調波を抑えてあり，30 dB 減衰する周波数は 200 kHz 程度となっている．

加入者の宅内には DSU (digital subscriber unit) を設置して受信信号を分離し，また送信信号を多重化する．さらに TA (terminal adaptor) を付加して加入者宅内の個々の装置に対応させる．わが国では DSU と TA とを統合し，例えば一つのコンピュータ接続端子と，相互通話可能な三つのアナログ電話機端子を備えた安価な製品が市販されている．二つの独立な電話回線を同時に使える利便性が大きな特徴である．

ISDN における上位サービスとして，4.3.2 項で述べた 24 チャネル PCM 伝送方式と同じ 1.544 Mbps の信号伝送方式（1 次群インタフェース）が INS ネット 1500 と呼ばれて導入された．原方式どおり 64 kbps × 24 チャネルの信号とし，64 kbps × 23 回線の情報チャネルと 64 kbps の付加信号チャネルとする使い方を基本としているが，一部を 384 bps の一つのチャネルにまとめるなどの変形も可能となっている．加入者線には 1 本の光ファイバを用いる．

4.4 エコーキャンセラによる送受信号の分離

ディジタル演算を駆使して通信回線や室内音場のエコーを消去するシステムは，**エコーキャンセラ**と呼ばれ，その中心となる電子部品 **DSP** (digital signal processor) チップの目覚ましい高速化，低消費電力化，低価格化とともに広く用いられるようになった．

電話端末において，送受信号の分離へのエコーキャンセラの適用の概念を図 **4.14** に示す．

送話信号 S_T を回線に送出し受話信号 S_R を回線から導入する場合，回線では両者は混合されてしまう．このためブリッジなどの平衡回路を用いてある程度の分離を図るが，送話側から受話側へ漏入する信号 S_S が避けられない．

そこで図のように S_T を入力とし，出力を S_R から減算するような**適応ディジタルフィルタ** (adaptive digital filter) を設置する．ディジタルフィルタの

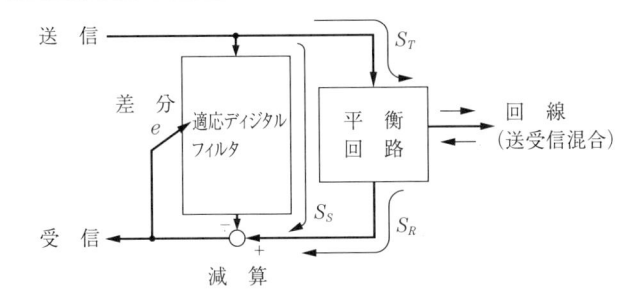

図4.14 エコーキャンセラによる送受信号の分離

特性を支配する係数は内部の RAM (random access memory) に格納されており，自由に書き換えることができるので，フィルタの特性は広範囲に可変である．

S_R がなく S_T のみ存在するときに減算出力 e をフィルタに制御入力として加え，e が 0 となるようにフィルタの特性を自動制御させると，送話信号は受話側に漏入しなくなる．制御が完了した状態では，S_S はあるのだがフィルタ出力がこれと同じ信号になり，減算で相殺されているのである．この状態を保てば送信信号と受信信号が完全に分離された状態で通信することができる．

エコーキャンセラはハンズフリー電話システムでの音響エコー防止など，種々の通信システムで信号伝送性能の確保に用いられている．

4.5 画像信号のディジタル化とコンピュータ内の画像信号

コンピュータ，ディジタルカメラ，ディジタルテレビジョンなど静止画，動画をディジタル信号の形で取り扱うシステムでは，画像信号をディジタル符号として扱わなければならない．2.3節で述べたように，人の目を対象とする画像信号の要素は明るさ，色，およびその時間的変化である．色は三原色の混合比で，明るさはその加算としてのパワーで表現できる．これらはいうまでもなく人の耳を対象とする音響信号と同じアナログ量であり，ディジタル信号として取り扱うには音響信号と同様の変換 (符号化) が必要となる．

現在用いられている多くのシステムでは，符号化の基本技術は音響信号と同

じくパルス符号変調（PCM）である。しかし，画像信号は情報が少なくとも二次元の空間に展開した信号なので，空間の関数としての取扱いが本質となる。さらに動画像は時間の関数でもあるので，一般に単位時間の情報量は大きなものとなる。

ここではこうしたディジタル信号化を説明し，ディジタル化の実例をあげる。ただし，動画像では単純にディジタル化すると膨大な情報量となるため情報圧縮を伴うものが一般的なので，その実用例の詳細は 4.6 節に譲ることにする。

4.5.1 二次元画像の空間周波数

最初に，写真や絵画のような二次元の静止画像を考えよう。各部の明暗を表す信号をアナログ量と考えると，これは二次元空間の波とみなされる。

空間で一次元の座標 x（単位は m）を定義する。この座標を用いて，空間周波数 F $[m^{-1}]$ で周期的に変化する式 (4.7) のような一次元の関数が定義できる。

$$f(x) = A \cos 2\pi F x \tag{4.7}$$

この拡張として，x 方向の空間周波数 F_1，y 方向の空間周波数 F_2 をもつ式 (4.8) のような二次元の関数を定義しよう。

$$f(x, y) = A \cos(2\pi F_1 x + 2\pi F_2 y) \tag{4.8}$$

これは二次元空間の波を表す。F_2 が 0 であればこの関数は前記の一次元の波に一致する。

例えば空間周波数 1 の空間波を考えると波長は 1 m となる。この二次元関数 f の 1 m 四方の平面内での形を**図 4.15** に示す。二次元の図形であり，周波数 F（横方向は F_1，縦方向は F_2）の変化によりその形が変化している。この関数が輝度（明るさ，暗さ）を表現するものであれば，この図形は明暗のパターン（例えば値 0 が中間調，＋ は明，－ は暗）をもつ画像となる。

フーリエ変換は空間の波に対しても成立し，空間領域と空間周波数領域との関係となる。したがって音波の場合と同様に，異なる空間周波数，振幅の波を組み合わせれば任意の明暗（白，灰，黒）のアナログ画像が表現できる。さら

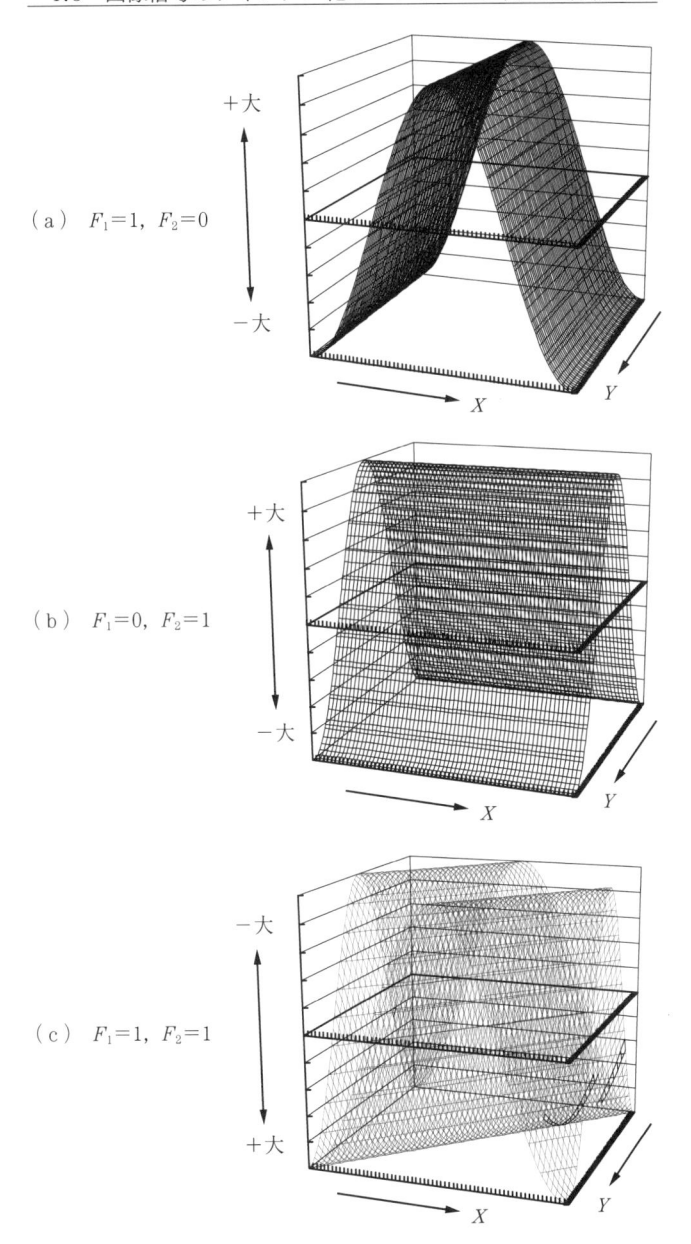

4.5 画像信号のディジタル化とコンピュータ内の画像信号

(a) $F_1=1,\ F_2=0$

(b) $F_1=0,\ F_2=1$

(c) $F_1=1,\ F_2=1$

F は空間周波数,座標 X, Y の範囲は $-0.5 \sim +0.5\,\mathrm{m}$
(注:図(c)は式(4.8)を上下逆転して表示)

図 4.15 二次元の正弦波による空間関数

に3種類の関数で三原色の画像を表現して重ね合わせればアナログカラー画像が表現できることになる。

4.5.2　二次元静止画像の標本化と量子化

二次元の画像をディジタル化するには，上記の関数 f を空間で標本化し，さらに個々の標本を量子化しなければならない。

二次元空間での図形の標本化は，その図形に一定の規則により配置された格子を重ね，格子の交点での図形の輝度，色彩を標本とすることに相当する。標本化された個々の点を**画素**または**ピクセル**（picture element, pixel, picture cell）と呼ぶ。また，画像を画素の集合として表現する方式を**ビットマップデータ表現**と呼ぶ。

格子の形状は種々のものがあるが，図 4.16 に示す2種が代表的である。図 (a) の正方形格子は直交座標との親和性が高く，格子点の位置を指定しやすいので広く用いられる。3.2 節で述べたアナログテレビジョン方式における走査線は（水平ではなくやや右下がりだが）この正方形格子において横方向の画素を並べた線と相似である。

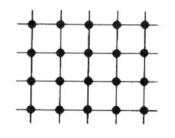

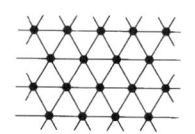

（a）　正方形格子　　（b）　正三角形格子

図 4.16　二次元の標本化における点のとり方

一方，図 (b) に示した正三角形格子は隣接する画素への距離がすべて同一であり，平面から均一に標本を取り出すことになるので画の表現能力に優れているといわれ，ディジタルカメラなどに用いられる。

静止画のディジタル化では，それぞれの次元の空間周波数に対してナイキストの定理が適用されることになる。すなわち，信号における最も高い空間周波数の2倍以上の空間周波数で（すなわち，最も短い波長の 1/2 以下の間隔で）

標本化しなければならない。

量子化における量子化雑音の防止の条件には時間関数，空間関数で物理的な相違はなく，それぞれに対する人の感覚上の許容値により決められる．一般に画像信号の量子化に必要な語長は 7〜9 bit × 3 (色)/1 ワードとされている．

4.5.3 二次元動画像の標本化

ディジタルテレビジョン信号のようなディジタル動画像においても，静止画の場合と同様にナイキストの定理で決められる値以上の標本化空間周波数を用いる必要がある．さらに，1秒間に 30 枚というような頻度で画面を伝送しなければならない．このため，単位時間に伝送すべき情報の量は大きなものとなる．例えば，NTSC カラーテレビジョン方式において水平，垂直での画素の密度を同一と考えると，1秒間に伝送すべき画素の数は式 (4.9) のように算出される．

$$525 \times \left(525 \times \frac{4}{3}\right) \times 30 = 11\,025\,000 \tag{4.9}$$

したがって，一次元信号化した後の信号伝送に要求される標本化周波数は約 23 MHz 以上となってしまう．

実際には，3.2 節で述べたように走査により一次元化された動画像信号は周期性が高いので，1.3 節で述べたように周波数領域では飛び飛びの線スペクトルに近い信号となる．いまスペクトル線の周波数間隔が F_H のとき，標本化周波数 F_S を

$$F_S = \left(n + \frac{1}{2}\right)F_H \tag{4.10}$$

(n は整数) とすれば，周波数軸上で折返し成分のスペクトル線が本来のスペクトル線の間に入るので，くし形フィルタで分離することができる．したがって，標本化周波数はナイキストの定理から要求される値より低くてもよい．これを周波数インタリーブ標本化，またはサブナイキスト標本化と呼ぶ．

テレビジョンの画像信号は，水平同期周波数を間隔とする線スペクトルに近

いスペクトル形状をもつのでこの方法は有効であり，上記の値より低い標本化周波数を用いることもできる（類似の手法はアナログテレビジョン方式でも用いられている。3.4 節参照）。しかし，これだけでは数分の一といった大幅な情報圧縮はむずかしい。

4.5.4 コンピュータでの画像信号の取扱い

コンピュータ内の画像信号は静止画，動画の1画面いずれも最終的に図 4.16 のように配列された個々の画素の値をディジタル符号で表示した数字列で表現される。これが前述のビットマップデータ表現である。しかし，画像の種類，形状が特別な性質をもつものに限られる場合，これとは異なるデータ表現を用いてデータ蓄積装置の節約や伝送すべき情報量の倹約が行われる。特に下記の表現は広く普及している。いずれも情報圧縮技術の一種とみなされるが，ビットマップデータ表現との間の変換による情報の本質的な欠落は生じないようにできる。

（1）**ベクトルデータ表現**　画像が設計図など主として線画に限られる場合は，線の種類，出発点および終点の位置，途中の形状などをデータとして記述し，再現にあたっては，これらのデータを計算してビットマップデータを作成する方式をとることによりデータの総量を削減できる。XY レコーダではこの変換計算が不要なので，信号授受にはこのデータ表現が適している。

（2）**コードデータ表現**　画像が文字など所定のパターンに限られる場合は，個々のパターンに符号（コード）を付与してデータとすることによりデータの総量を大幅に削減できる。代表例が文字データの表現方法として用いられる ASCII コード，JIS コードである。タイプライタなど文字出力専用機への信号授受にはこの形式が適している。

コンピュータのためのディジタル静止画像の例として，広く用いられている MS Windows パソコンのディスプレイの表示方式に注目しよう。

ビットマップデータ表現を採用しており，画面は正方形格子で標本化され表示される。現在は，1 024 × 768 点，および 640 × 480 点での標本化が一般的

4.5 画像信号のディジタル化とコンピュータ内の画像信号

である。後者は標準方式のテレビジョンの精細度に近いといえよう。

1画素当りの情報量は，現在はつぎの2種が一般的である．
- true color モード：RGB（赤緑青）それぞれ8 bit，計24 bit
- high color モード：R，Bに5 bit，Gに6 bit，計16 bit

後者でGに多めの情報量を与えているのは，目の感度が緑色に対して高いためとされている．これらの1画面当りの情報量の総計は**表4.9**のようになる．

表4.9 コンピュータ内部の画像信号の情報量

		1画面の画素数	
		$1\,024 \times 768 = 786\,432$	$640 \times 480 = 307\,200$
1画素当りの情報量	true color モード：24 bit	18 874 368 bit (2 304 Kbyte)	7 372 800 bit
	high color モード：16 bit	12 582 912 bit	4 915 200 bit

(注)　1 Kbyte は $1\,024\,(= 2^{10})$ byte

　実際の表示装置はCRT，液晶表示パネルなどを用い，テレビジョンと類似の動画像再生方式をとっている．すなわち，コンピュータ内の画像処理部は一時記憶装置に格納された画像情報を順次読み出し，垂直同期，水平同期信号とともに一定の時間間隔で表示装置に送っており，表示装置はこの時間間隔で画面を更新している．この更新の周波数はテレビジョンにおける垂直同期信号の周波数に相当する．実際にはこの周波数はコンピュータの画像処理部の構成，性能により決められるが，一般に70 Hz以上でテレビジョンより高い．またインタレース走査を行わず全画面を毎回更新しているので，表示の精細度はさらに高く感じられる．

　決められた記憶素子を繰り返して読み出す静止画像では，こうした高速，高精細の画面表示が比較的容易である．しかし，同じ速度，精細度で動画像を表示しようとすると膨大な量のディジタル情報を記憶素子に伝送し，記録を更新しなければならない．例えば，true colorモードで毎秒70画面を表示するためには1 321 205 760 bpsの速度を要し，技術的に不可能ではないにしても経

済的ではない。

このため，後述するようにディジタル動画像の伝送，記録，再生には何らかの情報圧縮処理を用いるのが一般的である。

4.6 PCMを基礎とした種々のディジタル化方式

上記までに述べたようにパルス符号変調（PCM）によるアナログ信号のディジタル化技術はマルチメディアシステム技術の基本となっている。ここでは，従来のPCM方式に変形を加えて新しい特徴を与えるいくつかの工夫について述べる。いずれも主として音響信号の記録において開拓され，広く用いられている。

4.6.1　オーバサンプリング

4.2.1項で述べたように，信号の標本化に際してはアンチエリアシングフィルタを用いて信号の周波数帯域を制限しておかなくてはならない。このフィルタはアナログ電子回路を用いて構成することなる。半導体スイッチング回路の速度が遅く，ナイキストの定理で与えられる値に近い標本化周波数を用いざるを得ない時期には，このフィルタに鋭い遮断特性を要求した。このため複雑なアナログ回路を要し，特性のばらつきなどによる弊害が発生するなどの問題があった。ディジタルフィルタ（ソフトウェアにより計算するフィルタ）を用いることができればこうした弊害は解消される。

半導体スイッチング回路の速度が高速になり，標本化周波数を信号の上限周波数の数倍程度に設定できるようになり，オーバサンプリングと呼ばれる技術を用いて帯域制限をディジタルフィルタで行い，入出力段のアナログフィルタの負担を軽減できるようになった。

図4.17にオーバサンプリングの手順を示す。アナログ信号を必要な周波数帯域より，例えば4倍高い遮断周波数の低域フィルタで帯域制限し，4倍高い周波数で標本化してディジタル信号とする。これをディジタルフィルタで必要

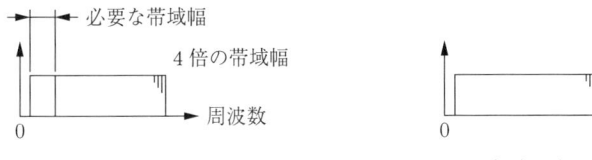

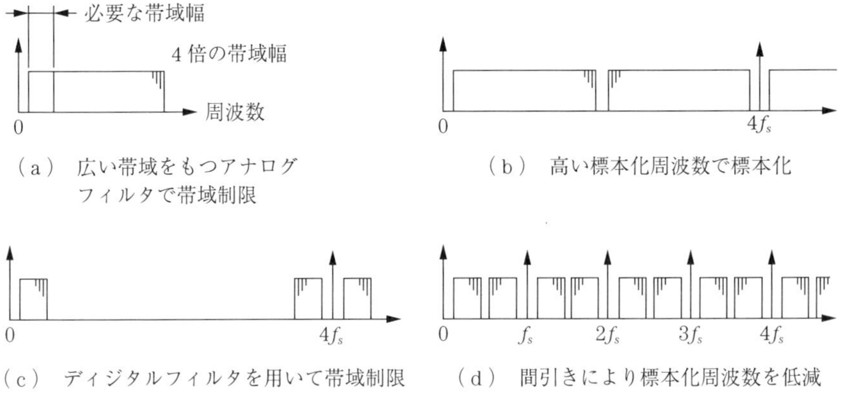

4.6 PCMを基礎とした種々のディジタル化方式　　111

(a) 広い帯域をもつアナログフィルタで帯域制限
(b) 高い標本化周波数で標本化
(c) ディジタルフィルタを用いて帯域制限
(d) 間引きにより標本化周波数を低減

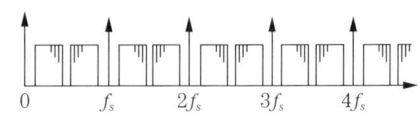

図 4.17　オーバサンプリングの手順

な帯域幅に制限する。その後ディジタル信号の標本を間引き（デシメーション）を行って 1/4 に減らすと標本化周期が 4 倍になり，1/4 の標本化周波数を用いたのと等価になる。

音響信号の場合は，上限周波数の数倍高い標本化周波数を用いると，入力段のアナログ低域フィルタはほとんど不要となるといわれる。

4.6.2　Σ-Δ 変調

Σ-Δ 変調はパルス符号変調（PCM）とは異なる発想による線形ディジタル変調方式であり，スイッチング素子の高速化とともに広く用いられるようになった。ここで，その基本となる **1 bit Σ-Δ 変調方式**の動作を観察する。

図 4.18 に Σ-Δ 変調方式の概念を示す。図（a）は一般形である。この方式では標本化されたアナログ信号を単純に量子化するのではなく，量子化前に積分し，量子化出力値を入力に帰還して減算する。

図（b）は最も簡単な 1 bit 1 次 Σ-Δ 変調方式で，簡単のために入力信号を 0～1 と仮定し，量子化器は 0.5 付近の入力値を境界として 0 または 1 を出力すると考える。1 bit 量子化の場合は帰還路には D-A 変換器は不要となる。図（c）は図（b）を等価変換して遅延器を 1 個にまとめた実用的な回路である。

図（c）の回路の各部の初期値を 0 とし，大きさ 0.25, 0.5, 0.75 の標本化

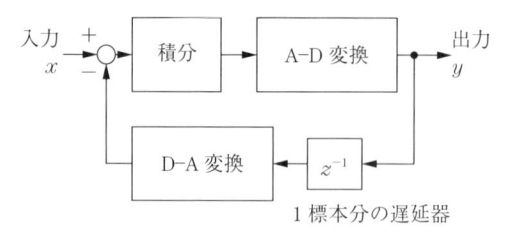

(a) Σ-Δ 変調方式の一般形

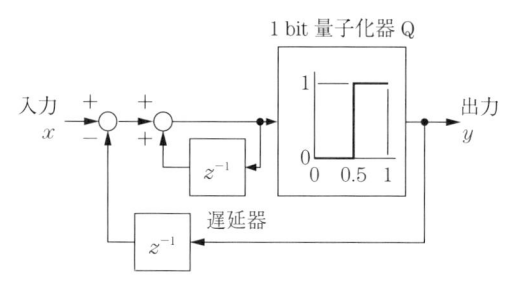

(b) 1 bit 1 次 Σ-Δ 変調方式(入力値 0〜1)

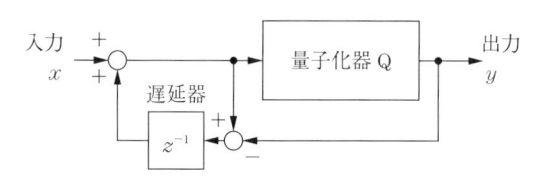

(c) 等価変換された回路

図 4.18 Σ-Δ 変調方式の概念

された直流信号が加えられたときの各部の入力と出力の値を**表 4.10** に示す。ただし,量子化器の出力 0, 1 の境界は入力 0.5 よりわずかに低レベルに設けられていると仮定した。出力信号は入力が 0.25 のとき 10001000…, 0.5 のとき 10101010…, 0.75 のとき 11101110…となり,パルス密度変調というべきディジタル化が行われることがわかる。したがって,Σ-Δ 変調方式では単純にディジタル信号を積分,すなわち低域フィルタを通すのみで D-A 変換が実現され,復調が簡単な点が特徴となっている。

また,Σ-Δ 変調方式ではディジタル信号を帰還して減算するため,量子化器で加えられる量子化雑音が微分され,その周波数成分が高い周波数領域に集

4.7 正弦波のディジタル変調方式とADSLシステム

表 4.10　1 bit 1 次 Σ-Δ 変調における各部の入力と出力の例

入　　力	0	0.25	0.25	0.25	0.25	0.25	0.25	0.25	0.25
量子化器入力	0	0.25	0.5	−0.25	0	0.25	0.5	−0.25	0
出　　力	0	0	1	0	0	0	1	0	0
遅延器入力	0	0.25	−0.5	−0.25	0	0.25	−0.5	−0.25	0
遅延器出力	0	0	0.25	−0.5	−0.25	0	0.25	−0.5	−0.25
入　　力	0	0.5	0.5	0.5	0.5	0.5	0.5	0.5	0.5
量子化器入力	0	0.5	0	0.5	0	0.5	0	0.5	0
出　　力	0	1	0	1	0	1	0	1	0
遅延器入力	0	−0.5	0	−0.5	0	−0.5	0	−0.5	0
遅延器出力	0	0	−0.5	0	−0.5	0	−0.5	0	−0.5
入　　力	0	0.75	0.75	0.75	0.75	0.75	0.75	0.75	0.75
量子化器入力	0	0.75	0.5	0.25	1	0.75	0.5	0.25	1
出　　力	0	1	1	0	1	1	1	0	1
遅延器入力	0	−0.25	−0.5	0.25	0	−0.25	−0.5	0.25	0
遅延器出力	0	0	−0.25	−0.5	0.25	0	−0.25	−0.5	0.25

中する。したがって，標本化周波数を制御して信号のダイナミックレンジを拡大することができる。電子回路が簡単であり，無調整組立てに適しているのも Σ-Δ 変調方式の特徴とされている。

4.7　正弦波のディジタル変調方式と ADSL システム

4.7.1　正弦波の多値ディジタル変調

電話信号の PCM 伝送方式や ISDN システムでは元のアナログ信号をディジタル化したパルス状の信号をそのまま伝送していた。これに対して，3 章で述べた AM，FM のように，正弦波を搬送波（キャリヤ）として用い，その振幅または位相の変化を用いてディジタル信号を伝送する方式があって，多くの利点をもつとされている。

例えば，周波数帯域 3.4 kHz の電話信号帯域を用いて 9 600 bps のディジタル信号を送受するというようなことが可能となっている。ここでその手法と応用例を述べる。

いま，$A_0 \cos(2\pi f_0 t)$，$-A_0 \cos(2\pi f_0 t)$ という同振幅逆位相の 2 種の信号を 1/2〜1 周期の長さの素片に切り出して，それぞれに 1 および 0 を割り当て，

順次に送出すれば周波数 f_0 の搬送波をディジタル位相変調したことになる。これを **BPSK** (binary phase shift keying) と呼ぶ。この2種の正弦波はベクトル空間では原点からの長さ A_0 の線となり、その先端の位置は図 4.19 の黒丸印で表される。

この方法の拡張として、搬送波の位相を $\pi/4$, $3\pi/4$, $5\pi/4$ ($-3\pi/4$), $7\pi/4$ ($-\pi/4$) だけ変化した4種の正弦波の素片を切り出し、それぞれ符号 00、01、11、10 を割り当てて順次伝送すると、一つの素片で 2 bit の情報を送ることができる。この4種は図 4.20 のように表される。これを **QPSK** (quadrature phase shift keying) と呼ぶ。これは $\pi/4$ QPSK、4値位相変調とも呼ばれ、5.1節で述べる PHS、携帯電話の搬送波変調方式として用いられる。

また、これに縦横軸上の位相 0, $\pi/2$, π, $3\pi/2$ を加えて8値とした 8 PSK は衛星ディジタル放送に用いられる。

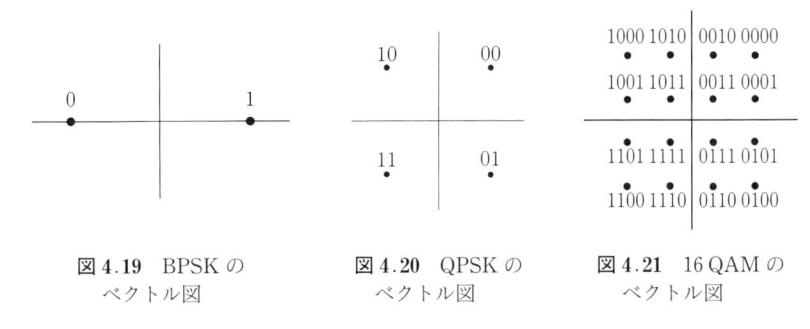

図 4.19 BPSK の
ベクトル図

図 4.20 QPSK の
ベクトル図

図 4.21 16 QAM の
ベクトル図

さらに素片の位相および振幅を多様に変化し、図 4.21 のような 16 種の搬送波の素片にディジタル符号を割り当てると、一つの素片で 4 bit のディジタル信号を表すことができる。この方式は **QAM** (quadrature amplitude modulation) と呼ばれ、ベクトル表示の点の数を付けて表示される。図の例は 16 QAM である。

16 QAM は電話音声回線を用いてディジタルデータを伝送する方法として広く用いられてきた。例えば、1 800 Hz の正弦波より 1/2 400 秒の素片を切り出して 16 QAM 信号を構成すると、$2\,400 \times 4 = 9\,600$ bps のディジタル信号の伝送が可能となる。こうした変調、復調を行う装置はモデムと呼ばれ、条件

のよい回線では 64 QAM も用いられた．このような多値のディジタル変調信号はアナログ信号としての性質も考慮する必要があり，ディジタル信号とアナログ信号の中間に位置する信号とも解釈される．

4.7.2　ADSL システム

電話加入者が ISDN の 1 チャネルを用いてコンピュータをセンタに接続した場合，ディジタルデータ伝送速度は 64 kbps となる．この速度は現在のコンピュータネットワークの一般的な値としては遅く，インターネットを高速快適に使用するためには 1 桁以上速いデータ伝送方式が望まれた．一つの手段は加入者系への光ファイバ伝送の導入だが，多くの加入者線を光ファイバに張り替えるには長い時間と多額の資金が必要である．そこで，既存の電話加入者線や電話交換システムに大きな変更を加えることなく飛躍的に高速なデータ伝送を実現する **DSL** (digital subscriber line) と呼ばれるディジタル伝送方式が米国で考案され，1990 年代より全世界に普及した．この方式では，通常の電話信号は旧来の周波数帯域 3.4 kHz のアナログ信号 1 チャネルのまま残し，コンピュータのためのディジタル信号を 25 kHz 以上の高い周波数領域を用いて同時に伝送する．

DSL には種々の方式があって xDSL と総称されるが，現在普及しているのは最も基本的な **ADSL** (asymmetric digital subscriber line) である．一般のユーザによるインターネットのアクセスではセンタから端末への信号（下り信号）が高速で届くと快適となる反面，端末からセンタへの信号（上り信号）を高速化する必要性は高くない．そこで ADSL では下り信号に上り信号より高い伝送速度，すなわち広い周波数帯域を与える．これが asymmetric（非対称）の名の由来である．

ADSL 方式のうち，広く用いられている **DMT** (discrete multi-tone) 信号のスペクトルの例を図 4.22 に示す．アナログ電話信号の影響を受けない 25 kHz 以上の周波数帯域に，正弦波の搬送波を変調した信号を約 4.3 kHz 間隔で多数並べた構成をとっており，個々の搬送波にはビン (bin：最低次のチャ

116   4. 線形ディジタルシステム

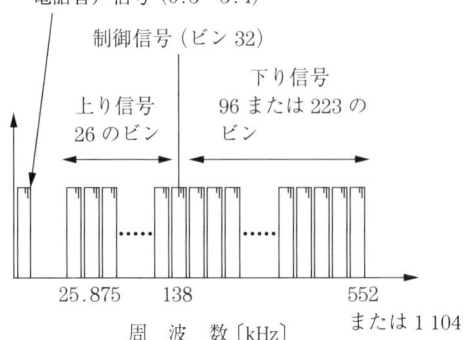

電話音声信号 (0.3〜3.4)
制御信号 (ビン 32)
上り信号 26 のビン
下り信号 96 または 223 のビン

25.875   138   552 または 1 104
周波数 [kHz]

図 4.22　DMT 信号を用いる ADSL 方式のスペクトル

ネル）と呼ばれる 4 kHz の周波数帯域が与えられている．個々の搬送波より 1/4 000 秒ごとに切り出された素片（シンボル）を上述の 16 QAM を用いて変調するので，この方式は 4.7.1 項で述べた多数の電話回線用モデムの信号を周波数軸上に並べた方式とも解釈される．

それぞれのビンにおけるシンボルの振幅と位相の表から逆フーリエ変換により送信信号波形を作成して伝送する．受信側ではこれをフーリエ変換して各シンボルの搬送波の振幅と位相を読み出す．ディジタル放送などでもこれと同じ手法が用いられ，**OFDM**（orthogonal frequency division multiplexing）と呼ばれている．

この方式では，伝送情報容量は使用するビンの数で決められる．ADSL の名のとおり，上り方向より下り方向のほうが使用するビンの数，すなわち占有する周波数帯域が広く，1.1 MHz までの周波数帯域を用いて 223 のビンを下り信号に与えるいわゆる 8 メガ（公称最高速度 8 Mbps）の ADSL，552 kHz までを用いて 96 のビンを与える 1.5 メガ（同 1.5 Mbps）の ADSL などがある．上り信号に配分されるビン数はいずれも 26 である．上り下りの境界の周波数 138 kHz 付近の 32 番と呼ばれるビンで制御信号が送られる．個々のビンに配分される情報量は適応制御されており，ほかの回線の信号や雑音の混入などの擾乱が生じたときにはその帯域のビンを避けて動作させている．特に隣接する電話回線で ISDN 信号が伝送されるとき，AM ラジオ放送の電波が強いときなどに擾乱が生じやすいようである．

4.7 正弦波のディジタル変調方式とADSLシステム

さらに信号伝送速度を上げるために種々の改良が行われている．例えば，下り信号の帯域下限を下げて上り信号と重なるようにし，ISDNで用いられたピンポン伝送（交互伝送）方式によって上りと下りを分離すれば下り信号の情報伝送容量が増大し，速度を速くすることができる．

ユーザ宅内にはスプリッタを置いて下りのアナログ電話信号を分離し，上りを多重化する．データ信号はADSLモデム（変復調装置）を用いてディジタルコンピュータに接続される．市販のADSLモデムは通常コンピュータネットワークのハブ（集線装置）の機能を内蔵し，多数のディジタル装置の接続に対応している．

ADSLの性能表示は**ベストエフォート主義**（条件がよければ実現できる最高性能を表示）をとっており，例えば公称最高速度 8 Mbps と称して売られているシステムでも，実際にこれに近い速度を享受できるのは条件のよいユーザだけで，すべてのユーザにその速度を保証しているわけではない．この点で，例えば速度 64 kbps を保証している ISDN とは異なる．また，電話音声信号を旧来のアナログ方式のままとして別扱いしているなど，ISDN に比べディジタルマルチメディアシステムとしては不徹底な技術にもみえる．しかし，信号伝送の実用速度は一般の ISDN に比べはるかに高く，また ADSL への **IP** (internet protocol) **電話**（インタネットで用いられるプロトコルを使用するディジタル電話方式．信号はインタネット以外を経由することもある）の導入によって電話信号もコンピュータデータの一つとしてディジタル信号に加えられるようになり，マルチメディアシステムの構成要素としての価値は高い．

しかし，ADSLの最大の特徴は定額料金制であろう．電話回線を用いたサービスの常識であった使用時間に対応する従量料金制を打破し，インタネット接続を身近なものとした功績は大きなものがある．マルチメディアシステム普及のかぎは技術のみとは限らない．

レポート課題

1. ディジタル信号伝送，処理システムを構築するときには，入力アナログ信号に標本化周波数を超える周波数の成分がどの程度含まれているかを見極め，低域フィルタの特性を決めなければならない．電話用 PCM システムにおけるフィルタ設計の考え方を調査して報告せよ．

2. 図 4.15 は，二次元フーリエ変換の基底関数の最低次のものを表している．図 4.23 はそれぞれの波形を上から眺め，山の位置を太線で示した略図である．ただし，$F_1 = F_2 = 0$ の場合は一定値となるため山の線はない．

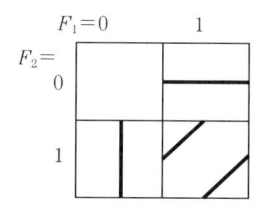

図 4.23

図 4.23 を $F_1 = F_2 = 8$ まで拡張して作成せよ．なお，結果は後述 5 章の図 5.20（b）で振幅値を与える空間周波数成分の基底関数の形を与えるものとなる．

なお，基底関数については 5.2.1 項を参照のこと．

5 信号適応ディジタルシステム技術

5.1 ディジタル信号処理応用の基本と PHS 方式

　符号化のための信号処理には種々の方式があるが，信号波形をなるべく忠実に伝送することを前提とする符号化処理方式のほか，信号のひずみを是認し，記憶，演算というディジタルシステムならではの有用な機能を活用する符号化処理方式がある。前章までに述べた PCM，Σ-Δ 変調などは基本的には前者に属する。

　本章以下で述べる後者の技術は，一般に信号の波形に修復できないひずみを与えるかわりに伝送すべき情報量を大幅に節約して，能率の高い伝送を実現できる利点をもたらすものである。信号のひずみが，受信する人の耳または機械（例えば音声認識装置）に感知できないように工夫されていれば実用性が高いものとなる。

　信号圧縮処理は時間領域での波形処理から実用化され，周波数領域での処理に発展した。そして，さらに高度に圧縮するために時間領域での処理に戻ってきた感がある。また，現在実用されているシステムでは，信号の時々刻々の変化に応じて処理のパラメータを適応させる技術を用いている。

5.1.1　信号処理の基本技術 1：時間軸上の処理

　信号波形にひずみを残さない範囲で，信号の状態に則して伝送すべき情報量の圧縮を行う例として，4.3 節で述べた電話用 PCM 方式での信号の圧伸があ

げられる。この方式の採用により，ワード長13 bit 程度の精度の符号化が必要な電話信号を，大振幅の信号に対して量子化のステップを節約して量子化雑音が増加しても聴感上問題がないことを利用して，ワード長8 bit の PCM 符号化を行うことが可能となっている。すなわち，この方式は大振幅信号にひずみを許容することによって伝送すべき情報の圧縮を行ったものとみなされるものである。

信号の記憶，演算機能を駆使してアルゴリズムを簡明なものにした**適応 PCM**（adaptive PCM：**APCM**）と呼ばれる符号化方式がある。これは直前の信号の大きさに応じて量子化ステップ幅を制御するものである。正負の値をとる 3 bit の信号に適用する例を**表 5.1** に示す。前の信号が最大振幅の 1/2 より大きければつぎの信号の量子化ステップを増加して粗い量子化を行い，小さければ量子化ステップを減少させて細かく量子化する。

表5.1 3 bit 信号による APCM の係数

	符号	量子化ステップの係数
正	0 11	1.75
	0 10	1.25
	0 01	0.9
	0 00	0.9
負	1 11	0.9
	1 10	0.9
	1 01	1.25
	1 00	1.75

（Jayant による）

この方式は，人の声や音楽，または画像信号のようなアナログ波形に由来する信号が標本化周期程度の短い時間に急変することは少ないと予想できることを前提にしている。実際，これらの信号を分析すると一般に高周波数の成分に比べて低周波数の成分が多く，コンピュータの数値データなどと異なり時間領域において自己相関が高い。

こうした性質を用いて，時間的または空間的に前後する信号から当該信号を予測し，その値と実際の値との偏差を符号化して伝送することにより，実用的

5.1 ディジタル信号処理応用の基本とPHS方式

な品質を保持しながら伝送する情報の量を圧縮することができる。これを**予測符号化**と呼ぶ。具体的には信号 x_n を前後の信号の線形結合値

$$\tilde{x}_n = \sum_{i \neq n} a_i x_i \quad (\text{ただし，} a \text{ は定数}) \tag{5.1}$$

で予測し，その差

$$e_n = x_n - \tilde{x}_n \tag{5.2}$$

を送信する。受信側ではすでに受けた信号から予測値を計算し，これに e_n を加えれば信号 x_n が得られる。

最も簡単な方法は一つ前の信号を予測値とし

$$e = x_n - x_{n-1} \tag{5.3}$$

から得られる差 e の値を PCM により伝送するもので，**差分 PCM** (differential PCM: **DPCM**) と呼ばれる。概念を**図 5.1** に示す。信号の値 x よりその差分 e のほうが変化範囲が小さく，符号化しやすいことが推測されよう。この方法は予測符号化の代表例とされる。

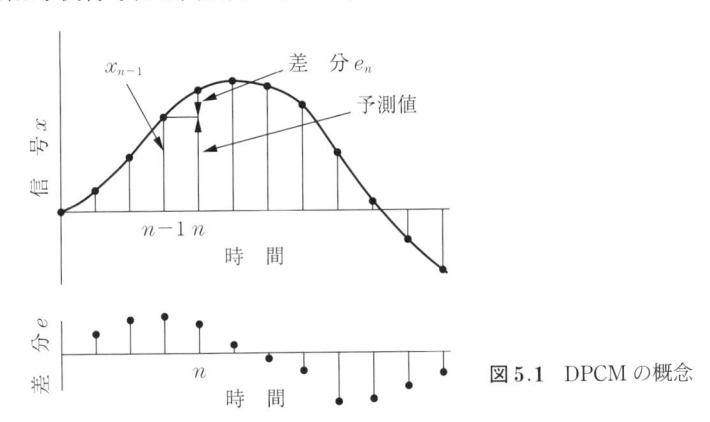

図 5.1 DPCM の概念

上記の適応 PCM と差分 PCM を組み合わせ，差分 e の符号化に際して量子化ステップの係数を差分の大きさに適応させて変化する方式を**適応差分 PCM** (adaptive differential PCM: **ADPCM**) と呼ぶ。5.1.2 項で述べるようにこの方式によれば，例えば電話音声信号を PCM 方式の 1/2，すなわち 4 bit のワード長で実用上音声品質劣化なしに伝送できる。差分は 16 (±8) ステップで量子化することとなるので表 5.1 の片側に相当する係数値は，例えば

2.4, 2.0, 1.6, 1.2, 0.9, 0.9, 0.9, 0.9

とすればよい．さらに，複数の信号から予測すれば差分 e をさらに小さくできる．図 5.2 の（a），（b）はそれぞれ二つの信号から

$$\begin{cases} \tilde{x}_n = 2x_{n-1} - x_{n-2} \\ \tilde{x}_n = 0.5x_{n-1} + 0.5x_{n+1} \end{cases} \tag{5.4}$$

と予測するものである．後者は未来の信号を予測に用いるため，信号を記憶装置に蓄積し，処理後読み出すことが前提となるので信号の遅延を伴う．

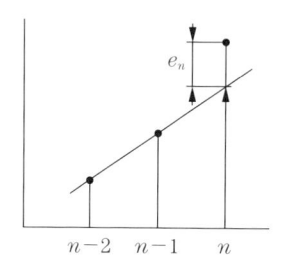

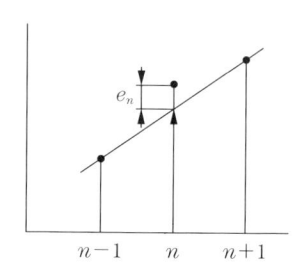

（a）過去の二つの信号から 　　　　（b）前後の二つの信号の平
　　線形予測する方式　　　　　　　　　　均から予測する方式

図 5.2　二つの信号から線形予測する方式の例

ADPCM は，5.1.2 項で述べるように簡易モバイル電話システムに用いられている．また，電話の 2 倍程度（7 kHz）の周波数帯域をもつ AM ラジオ信号や遠隔会議通信の音声伝送などには，4 kHz を境界として帯域を 2 分割し，それぞれを ADPCM で伝送する**サブバンド ADPCM** が用いられる．

5.1.2　PHS モバイル電話システム

ADPCM の適用例として，簡易モバイル電話兼データ伝送システムとして用いられている **PHS 電話方式**（personal handyphone system）に着目しよう．このシステムの通常の通話では音声信号は 32 kbps の ADPCM 方式で伝送される．

PHS 方式は，屋内で用いられるコードレス電話システムの拡張としてわが国で開発されたディジタル移動電話方式で，コードレス電話の技術と共通線信

5.1 ディジタル信号処理応用の基本とPHS方式

号方式によるインテリジェントネットワーク技術を基盤として実用化されたものである。諸元を第2世代と呼ばれる**ディジタル携帯電話方式**，および**第3世代（CDMA）携帯電話方式**と比較して**表5.2**に示す（5.3.4項参照）。

家庭内などの室内で電話機の子機として用いられる小規模無線電話機はコードレス電話機と呼ばれ，1987年の自由化とともに急速に普及，多様化した。使用する電波の届け出を要する省電力形と要しない微弱電波形があったが動作の安定な前者が後者を圧倒した。当初はアナログ変調方式（FMまたはPM）が用いられていたが，秘話性に問題があるなどの欠点が指摘され，その後，ADPCMなどによるディジタル伝送方式のものが開発された。

PHSシステムは，ディジタルコードレス電話機の子機を屋外でも使用できるようにしたい，という発想で実用化されたものである。5.3節で述べる自動車，携帯電話システムと同様にゾーンごとに基地局を設けてアンテナを立て，端末機のある場所を追跡しているが，携帯機の無線出力をコードレス電話機並みに抑えたため，電柱や公衆電話ボックスに装着できるような簡易な基地局を狭いゾーンごとに配置することとなった。また，携帯電話システムとは異なり独自のネットワークを構築せず，既存の固定電話網であるISDNシステムを利用しており，基地局はISDN（2B＋D，64kbps）2回線を用いる端末となっている。このため，データ通信能力は基本的にISDN（64kbps）と同等で，データ通信速度は第2世代の携帯電話より優れている。また，携帯電話システムに比べチャネル間の周波数間隔を広くとり，音声をADPCMによる波形伝送で送受しているため，音声伝送品質も第2世代の携帯電話より優れている。にもかかわらず簡易システムと位置づけられ，当初は料金が携帯電話システムより安価に設定されていた。

なお，PHSシステムで用いられているADPCM方式（ITU-T G.726）は6次の移動平均（moving average：MA）予測のほか，2次の自己回帰（autoregressive：AR）予測と最小二乗誤差（least mean square：LMS）推定を含む，やや複雑なものである。

PHSシステムの欠点は基地局のゾーンが狭く，動いている端末を数百mご

表5.2 わが国で用いられている代表的な移動電話方式

	PHS 電話方式	ディジタル携帯電話方式（第2世代，PDC ハーフレート）	FOMA（NTT 第3世代ディジタル携帯電話方式）
ルーツ	室内用コードレス電話 コードレス電話のディジタル化後に実用化されたので当初よりディジタル	自動車電話方式 当初はアナログ。携帯機が普及してからディジタル化されたので，日本では1999年まで混在	IMT-2000 方式（マルチメディアに対応した世界標準規格）
サービスイン	1995 年	1979 年：自動車電話サービスイン 1993 年：ディジタル携帯電話発売	2001 年
無線周波数帯	1.9 GHz 帯	800 MHz/1.5 GHz	2 GHz 帯
周波数間隔	300 kHz	50 kHz（25 kHz インターリーブ）	拡散
基地局の間隔（セルの大きさ）	数百 m	1 km〜数 km	
伝送方式	TDD（時分割双方向）		ATM（非同期転送モード）
アクセス方式	TDMA（時分割多元アクセス）		DS-CDMA（符号分割多重）
変調方式	$(\pi/4)$ QPSK（4 値位相変調）	$(\pi/4)$ QPSK	QPSK ほか/拡散
音声符号化方式	ADPCM（適応差分 PCM）	PSI-CELP	AMR（1.95〜12.2 kbit）ACC
音声ビットレート	32, 64 kbps	5.6 kbps	64 kbps
データ通信速度	約 64, 128 kbps	当初 9.6 kbps 現在 約 28.8 kbps	144 kbps（高速移動） 384 kbps（低速移動） 約 2 Mbps（屋内） 14.4 Mbps（HSDPA）
端末の無線出力	10 mW	自動車電話時代は 5 W 現在約 500 mW	数百 mW
ネットワーク	固定電話網を利用，個々の基地局が ISDN 端末となっている	固定電話網とは独立した移動通信専用の交換網を構築	独立した IMT-2000 の交換機網を構築

（注） ディジタル携帯電話方式については 5.3 節を参照。
　　　QPSK については 4.7 節を参照。HSDPA：high speed downlink packet access。
　　　ただし，第 3 世代については本書で説明していない項目もあるので参考資料である。

とにリレーする必要があるので,自動車などで高速移動している端末への追従能力が低いことであるが,一方,端末の現在の位置を監視する精度が高いことは利点となる。**GPS**(global positioning system:衛星利用測位システム)ほどの精度はないが,簡易測位システムとしても利用可能である。簡易システムとみなされて**iモード**(モバイルデータ通信サービス)のようなサービスの多様性に欠けていること,および日本以外で使われている国が限られていることも欠点としてあげられるが,進化を続ける携帯電話方式に伍して,安価なシステムとして一定の価値が認められている。

5.2 音響信号の信号処理を伴うディジタル伝送とMPEGオーディオ方式

　ここでは,周波数領域での処理を駆使して音響信号の情報量を圧縮し,伝送,記録,再生する方式を述べる。これは信号のひずみを伴う符号化であるが,実用上必要な情報を保存しながら伝送などを高能率化するよう配慮されている。典型的な例として**MPEG**(motion pictures coding expert group)**オーディオ方式**と呼ばれる変換符号化の方式に着目する。これは信号を時間関数から周波数関数に変換し,それぞれの周波数帯域ごとに符号化する方法である。一般に音響信号では周波数成分が特定の周波数領域,多くは比較的低周波数の領域に偏在しているので,サブバンドのパワーおよび聴覚特性からの重要性に応じてビットを割り当てることにより情報圧縮を行う。

5.2.1 信号処理の基本技術2:周波数軸上の処理

　はじめに信号を周波数領域で処理するための基本技術として,信号を周波数分析する手法を述べる。実際には時間的に長く連なる音響信号,画像信号などを適当な長さのセグメントに分割し,個々のセグメントの周波数成分を求めて処理し,伝送する,受信側ではセグメントをつないで信号を再生する,という手順を踏む。特に音響信号では切出しの境界での雑音発生を避けるため,セグ

5. 信号適応ディジタルシステム技術

メントの端部が重なるようにして分割するのが一般的である。

実用システムに用いられる周波数分析には下記のような方法がある。

(1) フィルタによる周波数成分の分析 多数の帯域フィルタを組み合わせたフィルタバンク(サブバンドフィルタ)があれば信号を周波数帯域に分割することができる。また,高域フィルタと低域フィルタの組合せにより帯域の2分割を繰り返すことによって信号を2のべき乗倍の数の周波数帯域に分割することができる。

多相フィルタバンク,直交鏡像フィルタなどが用いられる。

(2) 離散フーリエ変換(discrete Fourier transform: **DFT**) 1.3.2項で述べた離散フーリエ変換を用いた周波数分析はこの目的に便利な道具である。信号の関数は時間領域,周波数領域ともに周期的かつ離散となる。数値計算には**高速フーリエ変換**(fast Fourier transform: **FFT**)アルゴリズムを用いることができる。離散フーリエ変換の基底関数はつぎのようになる。

$$\exp\left(-j2\pi\frac{pn}{N}\right)$$

(3) 離散コサイン変換(discrete cosine transform: **DCT**) 信号を偶関数と仮定すると,離散フーリエ変換における周波数領域の値が実数のみとなり,データの量が半分になって計算が簡易化される。DFTと類似の方法だが,周波数領域のデータが実数となるためデータ数が半減するので,同じ記憶容量で区間長を$2N$とすることができる。基底関数として複素指数関数ではなくつぎのような cos 関数を用いる。

$$\cos\left\{\frac{(2n+1)\,p\pi}{2N}\right\}$$

これを用いた変換および逆変換の式は式 (5.5),(5.6) のように与えられる。

$$X_p = \left(\frac{2}{N}\right)^{\frac{1}{2}} k_p \sum_{n=0}^{N-1} x_n \cos\left\{\frac{(2n+1)\,p\pi}{2N}\right\} \tag{5.5}$$

$$x_n = \left(\frac{2}{N}\right)^{\frac{1}{2}} \sum_{p=0}^{N-1} k_p X_p \cos\left\{\frac{(2n+1)\,p\pi}{2N}\right\} \tag{5.6}$$

ただし,$k_0 = 1/\sqrt{2}$,それ以外の k_p は1とする。

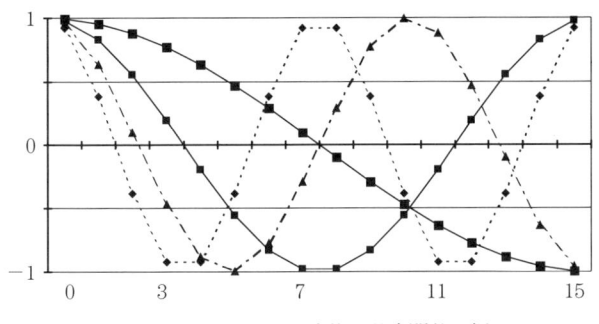

5.2 音響信号の信号処理を伴うディジタル伝送とMPEGオーディオ方式　　*127*

図 5.3　離散コサイン変換の基底関数の例

基底関数の例として $N = 8$, $P = 1 \sim 4$ としたときの値を図 5.3 に示す。出発点がおおむね1のコサイン関数となっている。

（4）**変形離散コサイン変換**（modified discrete cosine transform : **MDCT**）
離散コサイン変換の基底関数を下記のように変形し，範囲を $2N$ とした変換が定義できる。

$$\cos\left\{\frac{(2n + 1 + N)(2p - 1)\pi}{4N}\right\}$$

この基底関数の $N = 16$, $P = 0 \sim 3$ の場合の例を図 5.4 に示す。出発点の値がそろわないが，いずれの曲線も左半分が $N/2$ 付近の両側で奇関数，右半分が $3N/2$ 付近の両側で偶関数になっている。

前述のように，音響信号の分析では切出しの境界での雑音発生を避けるた

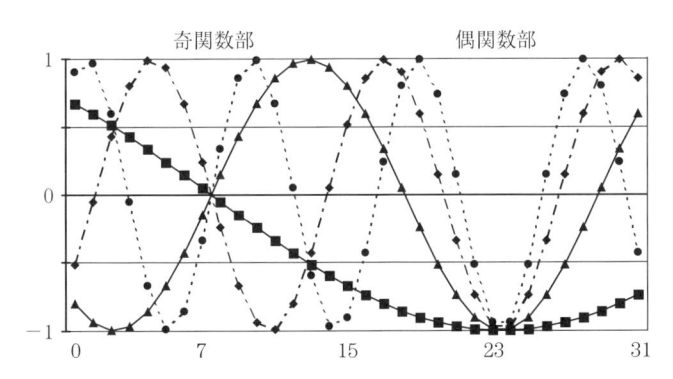

図 5.4　変形離散コサイン変換の基底関数の例

め，切り出す範囲をオーバラップさせる。基底関数の左右がそれぞれ偶関数，奇関数となっている離散コサイン変換は，左右の範囲を50％ずつオーバラップさせて変換すると左右のセグメントの境界での干渉が少なくなり，実用的に有用である。

5.2.2 MPEGオーディオ方式の基本構成

信号の周波数軸上での処理を活用したシステムとして，MPEGオーディオ方式の音響信号処理アルゴリズムがあげられる。MPEG方式はオーディオおよびビデオ信号を，なるべく品質を劣化させずにデータ圧縮して伝送，記録，再生するための方式として国際標準化されたものである。MPEGシステムの全体の構成は5.4節で述べるが，オーディオおよびビデオ信号をエンコードしてそれぞれの符号列（エレメンタリーストリーム）とし，これを分割してパケット化し，多重化して送出する部分と，これを受けてデコードする部分との組合せを想定している。ただし，規格はパケット化以降デコードまでを規定しており，エンコード部分については自由度を残してある。

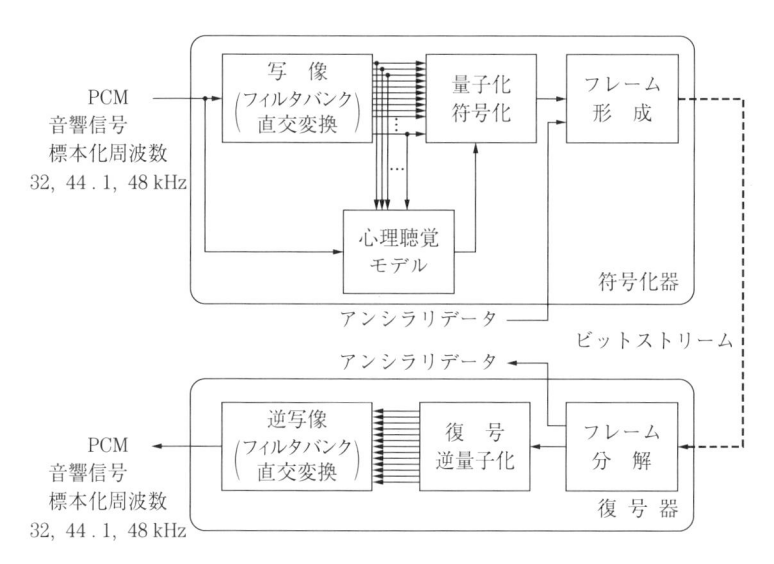

図5.5 MPEGオーディオ方式の基本構成

5.2 音響信号の信号処理を伴うディジタル伝送とMPEGオーディオ方式　*129*

　MPEGオーディオ方式の基本構成を図5.5に示す。写像部で信号の周波数分析を行ってサブバンドに分割する。符号化部ではサブバンドごとに必要最小限の量子化のビット数を割り当てて符号化するが，その基準は聴覚特性であり，したがって，フレームごとにビット配分の情報が発生する。こうした情報群をビットストリームにまとめて伝送，記録，再生する。

5.2.3　写　　　像

　時間領域の信号を周波数分析して周波数領域に変換する操作を写像と呼んでいる。MPEG-1レイヤⅠ，Ⅱでは多相フィルタ分析を用いて32のサブバンド信号（帯域信号）に分割し，さらに一定時間長のブロックごとにスケールファクタを計算してダイナミックレンジをそろえる。

　MPEG-1レイヤⅢではまず，レイヤⅠ，Ⅱと同じサブバンドフィルタで32の帯域信号に分割し，それぞれの信号の間引かれた時間系列に対して5.2.1項で述べた離散コサイン変換（MDCT）を用いて符号化する。例えば，1152サンプルを1フレームとし，32のサブバンドに分割すると，各サブバンドのデータは36サンプルとなる。

　このとき，長いブロックの後半にアタック音があると復号化後にプリエコーが発生することがあるので，図5.6のように2種のブロック長を用意し，信号波形により2種のいずれかを選んで変換する。その場合，オーバラップ部の形

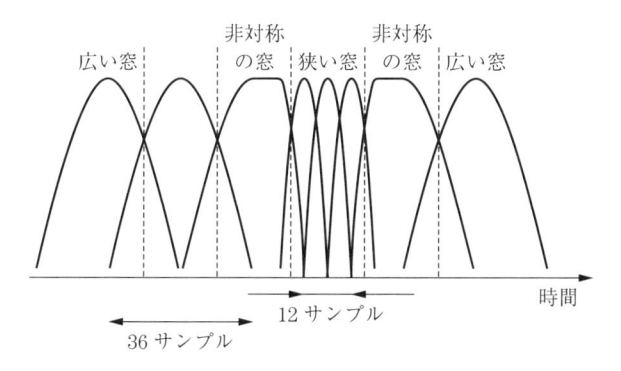

図5.6　MPEGオーディオ方式における時間窓の構成

状の整合をとる必要が生じるのでブロックの形状は普通の窓，短い窓，前者と後者の間の窓，後者と前者の間の窓の4種となる．

5.2.4 聴覚心理モデルによる情報圧縮

MPEGオーディオ方式では入力信号を別にFFTにより周波数分析し，パワーの大きな周波数成分に対して臨界帯域幅の範囲にあるパワーの小さい成分が，聴覚マスキング(2.2.3項参照)より与えられる可聴限界以下であれば伝送しても無意味と判断して符号化を省略する．説明図を図5.7に示す．

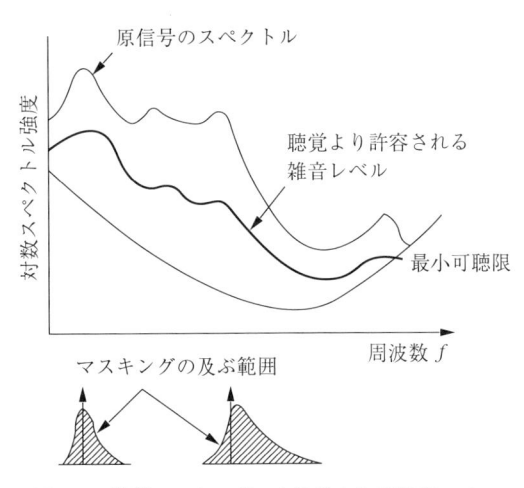

図5.7 聴覚マスキングにより供される雑音レベル

信号音が存在するとマスキングにより最小可聴限が実線まで上昇するので，これより低い周波数成分は無視して符号化しない．また，この限界に近い小さな信号であれば，符号化ビット数を少なくしても聴感上の影響が少ないとみなす．

実際に情報圧縮を行った周波数スペクトルの例を原信号のそれと比較して図5.8に示す．明らかに雑音成分が増加している．この圧縮は非可逆なので原信号の再現はできない．

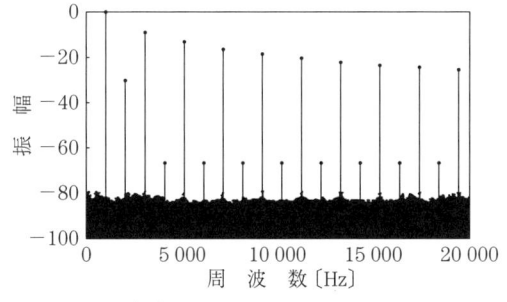

5.2 音響信号の信号処理を伴うディジタル伝送とMPEGオーディオ方式

（a） 原信号の周波数スペクトル

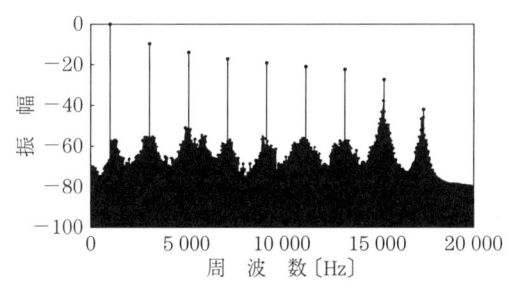

（b） 情報圧縮後の信号の周波数スペクトル

図 5.8 高能率符号化による量子化雑音の増加〔宮坂栄一：聴覚の性質を利用した高能率圧縮の原理, 日本音響学会誌, **60**, 1, p. 18 (2004) より〕

5.2.5 ビットストリーム

MPEG-1 レイヤ I における 1 フレームの構成を図 5.9 に示す。左から時間を追って伝送する。また，レイヤ II ではスケールファクタの前にスケールファクタ選択情報が付加される。

ヘッダ	ビット割当て	スケールファクタ	サブバンド信号	アンシラリデータ

図 5.9 1 フレームの構成

MPEG オーディオの規格ではこのビットストリームと復号部，逆写像部を規定し，ビットストリームを作成する写像部，符号化部は規定していない。**ATRAC**（adaptive transform audio coder：ミニディスクに用いられた）や

MPEGオーディオの再生品質が出現当初に比べ時間を経るたびに改善されてきた理由として，規格に規定されていない信号をビットストリームに構成するまでの部分を比較的自由に改変，改良できたことがあげられよう。

5.2.6 品 質 評 価

MPEGオーディオ符号化方式の評価には，5段階法によるオピニオン評価が用いられている。1991年に行われたMPEGオーディオIの公式評価結果，および1993年に行われたMPEGオーディオIIの評価結果を図5.10に示す。

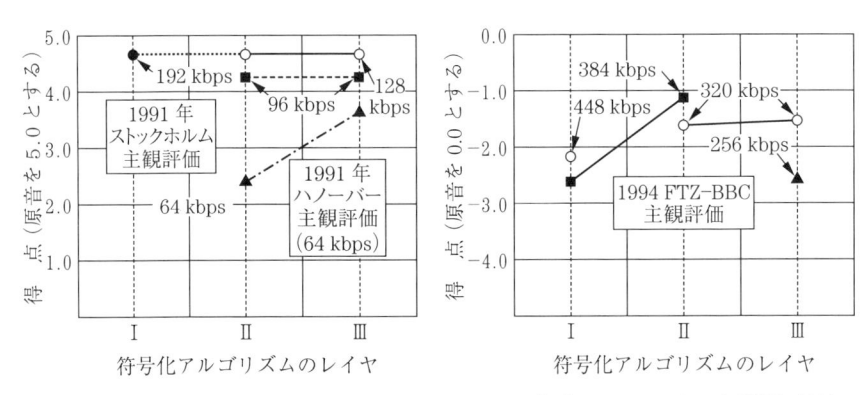

（a） MPEG-1音質評価結果

（b） MPEG-2/BC音質評価結果

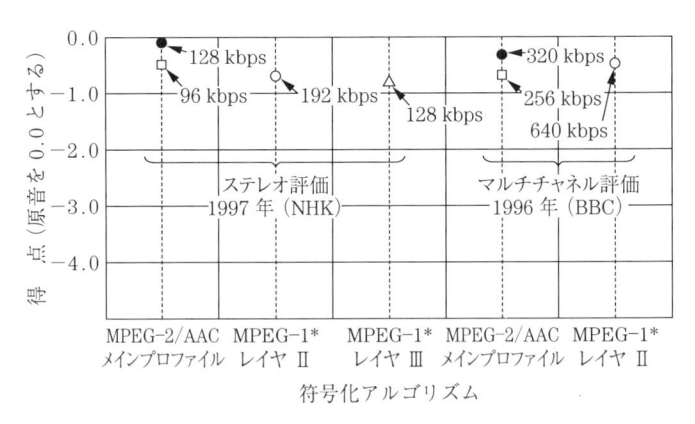

（c） MPEG-2/AAC音質評価結果

＊：1991年MPEG-1公式評価版ではなく，その後開発された高音質符号化器による。

図5.10 MPEGオーディオ方式の主観評価結果

5.2 音響信号の信号処理を伴うディジタル伝送とMPEGオーディオ方式

表5.3 AV・オーディオシステム用の方式

方式名	伝送情報量	技術内容	おもな用途	規格など
CD（圧縮なし）	1.411 2 Mbps（記録再生は 2.033 8 Mbps）	16 bit × 44.1 kHz リニア PCM 2チャネル	CD	IEC 60908 (1987)
ATRAC	最大148 kbps（チャネル当り）	16 bit × 44.1 kHz の PCM 信号 512 個を変換符号化 MDCT 使用 512 サンプル → 212 byte（二重書きを含む）	MD	(1992)
MPEG-1 オーディオ レイヤ I, II	レイヤ I：32～448 kbps レイヤ II：32～192 kbps	16 bit × 32, 44.1, 48 kHz の PCM 信号を32サブバンド変換符号化 聴覚心理分析を用いてビット割当て インテンシティステレオ	DCC（I） CD ビデオ（II）[*1]	ISO/IEC 11172-3 (1992)
MPEG-1 オーディオ レイヤ III	32～160 kbps	同上。さらに2種のブロック長選択、MDCT 使用 インテンシティおよび MS ステレオ	ネット音楽配信 衛星ラジオ（MP-3と略称される）	
MPEG-2 オーディオ BC	MPEG-1 に 16, 22.05, 24 kbps を追加 MPEG-1 上位互換	MPEG-1 に低ビット伝送を追加 アンシラリデータ領域を用いて 5.1 ステレオに対応	パソコン	ISO/IEC 13818-3, -7 (1997)
MPEG-2 オーディオ AAC	8～128 kbps MPEG-1 と互換性なし	MPEG-1 技術に時間領域量子化雑音整形と予測を追加 5.1 ステレオ対応 MPEG-2 BC に比べ演算量2倍、メモリ4倍	衛星ディジタル放送（1 024 サンプル/フレーム） ディジタルラジオ[*2]	
MPEG-4 オーディオ	2～64 kbps/チャネル方式のデパートの感	多アルゴリズム並記 AAC（追加分） Twin VQ CELP HVXC ビットレートスケーラビリティ実現 基本技術：周波数領域符号化		ISO/IEC 14496-3 (1999)

*1：中国、シンガポールなどで普及した。
*2：類似の方式として AC-3（ドルビー社）がある。256 サンプル/フレームを採用するなどの相違がある。

この結果より，MPEG-1 レイヤ II/III はチャネル当り 128 kbps で放送局間伝送に耐えうる品質となると認定された。

MPEG-2 の評点は原音を 0 としているので負号が付く。BC (backward compatible) の評価結果は思わしくないとされ，その後の改良，および MPEG-2 AAC (MPEG-2 advanced audio coding) の開発が行われた。

MPEG オーディオ方式，およびこれと類似の技術を用いる音響信号圧縮方式の伝送情報量などの項目を CD と比較して表 5.3 に示す。ATRAC と AC-3 は MPEG とは独立に開発されたものだが，技法としては MPEG の技術に類似のものを用いている。

5.3 音声に特化した信号処理ディジタル伝送と携帯電話方式

携帯電話システムのように信号が主として電話音声に限定され，また伝送できる情報の量に制約が大きく，さらに円滑な対話のため信号処理による時間遅延をなるべく避けたい用途には，専用の情報圧縮システムが必要となる。ここで，ADPCM よりさらに情報量の圧縮が可能な方法として **CELP** (code excited linear prediction) を紹介する。

5.3.1 ボコーダ：CELP の基盤となった技術

音声を分析により合成する方法として**ボコーダ** (vocoder) が検討されてきた。ボコーダではまず入力された音声を一定時間ごとに区切り，それぞれの要素における下記のようなパラメータを取り出す。

① 有声音か無声音か。

② 声道のパラメータ。通常は声道の共振周波数で，周波数分析結果の大づかみなエンベロープの山より求められる。

③ 声帯振動の周波数。周波数分析結果の細かい（周波数の低い）周期性より求められる。ピッチと呼ばれることが多い。

④ 声帯の音の大きさ，または子音となる雑音の大きさ。

5.3 音声に特化した信号処理ディジタル伝送と携帯電話方式

これらのパラメータを伝送すれば，受信先では**図5.11**のような構成で音声を合成することができる。周期的成分と雑音的成分の波形はあらかじめ符号帳として受信先が保有しているのが原則である。

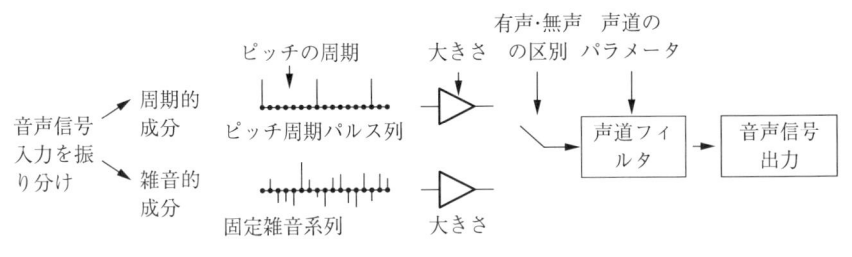

図5.11 ボコーダにおける音声再現

ボコーダを用いると，伝送すべきパラメータの情報量はPCMなどを用いて音声波形そのものを伝送する場合よりはるかに少なくなる。

5.3.2 CELPの基本構成と種類

ボコーダは，伝送すべき情報量の圧縮には効果的だが合成音が一般に低品質なので，いろいろの改良技術が提案された。なかでもCELPは大幅な進歩をもたらす技術で，1985年に命名されたものである。

CELP方式の基本構成を**図5.12**に示す。ボコーダに比べ下記の特徴があ

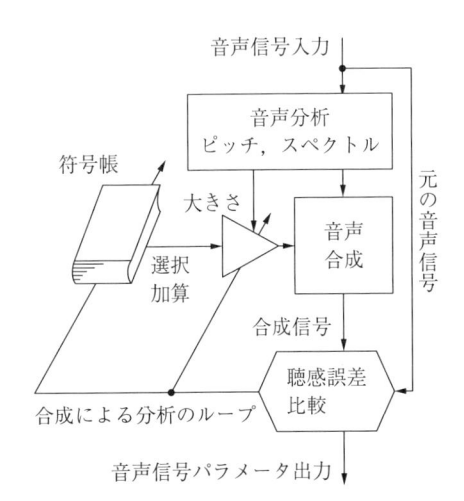

図5.12 CELP方式の基本構成

る。
① 複数の符号をもつ符号帳を用意する。
② 送信元で種々の符号帳を用いて音声を合成して元の音声と比べ，聴感的な差異（ひずみ）が最も少ない符号を選択する。
③ その符号帳の番号，コードなどの情報を伝送すれば受信元で同じ音声を合成できる。

CELPは携帯電話システムなどのための実用技術として，なるべく少ない記憶容量でなるべく速く良好な音声を合成できる情報を選択して伝送できるように改良されてきた。図5.13に示すような雑音的成分の符号帳の進化を例として種々のCELP方式を比較する。

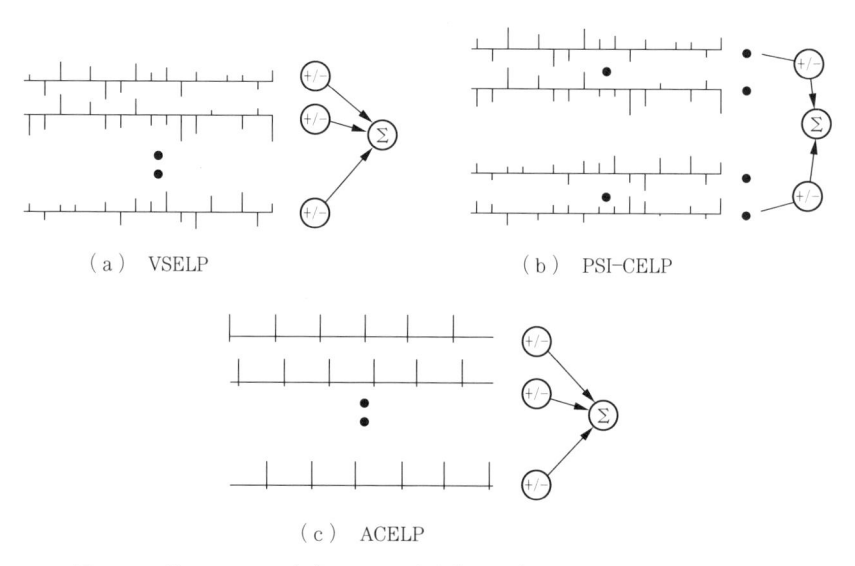

(a) VSELP

(b) PSI-CELP

(c) ACELP

図5.13 種々のCELP方式における音声符号帳〔守谷健弘：音声符号化技術，電子情報通信学会誌，**84**，11，pp. 836～842 (2001) より〕

(1) **VSELP** (vector sum excitation linear prediction) 符号帳を少数にして複数の符号帳の和を用い，個々の符号の極性も伝送する方式。北米，日本の最初のディジタルモバイル電話方式に用いられた。

(2) **PSI-CELP** (pitch synchronous innovation CELP) 2系統の符号

5.3 音声に特化した信号処理ディジタル伝送と携帯電話方式

帳から一つずつ選定し,そのコードと個々の極性を伝送する方式。ピッチ同期化を施してから用いるので女性や子どもの声が高品質になる。わが国のハーフレート方式に 1993 年から用いられた。

(3) ACELP (algebraic CELP) あらかじめ決められた単位振幅のパルスの和を用い,パルスの位置と極性を伝送する。きわめて簡単な方式で,1995 年より多くのモバイル電話システムに用いられている。

CELP 方式を含む種々の音声信号符号化方式を,電話の PCM 方式,PHS モバイル電話の ADPCM と比較して**表 5.4** に示す。

表 5.4 音声信号符号化方式

方式名	伝送情報量	技術内容	留意事項	おもな用途	規格など
μ則, A 則 PCM*	64 kbps	量子化 8 bit 標本化 8 kHz 1 チャネル 対数圧縮伸長 PCM	遅延 1 サンプル (125 μs)	電話システム	ITU-T G. 711 (1972)
ADPCM (adaptive delta)	32 kbps (16, 24, 40)	標本化 8 kHz 1 チャネル μ則, A 則 PCM を均一 PCM に直してから変換	遅延 1 サンプル (125 μs)	PHS 電話	ITU-T G. 726 (1984)
LD-CELP (low delay)	16 kbps (9.6, 12.8, 40)	標本化 8 kHz 1 チャネル ベクトル量子化	遅延 5 サンプル (625 μs)	企業内通信 TV 会議	ITU-T G. 728 (1992)
CS-ACELP (conjugate structure-algebraic)	8 kbps (6.4, 11.8)	標本化 8 kHz 1 チャネル ベクトル量子化	遅延 15 ms (フレーム長+ 先読み 10 + 5 ms)	携帯電話	ITU-T G. 729 (1996)
デュアルレート符号化 MP-MLQ ACELP	6.3 kbps および 5.3 kbps (右記)	標本化 8 kHz 1 チャネル MP-MLQ：6.3 kbps ACELP： 5.3 kbps	遅延 37.5 ms (フレーム長+ 先読み 30 + 7.5 ms)	TV 電話	ITU-T G. 723.1 (1996)
サブバンド ADPCM	64 kbps： 低域 48, 高域 16 (48, 56)	量子化 14 bit 標本化 16 kHz 1 チャネルの均一 PCM を処理 信号チャネルの上限 7 kHz		広帯域電話	ITU-T G. 722 (1988)

基本技術：時間領域符号化

*：圧伸により 14 bit/ワードを 8 bit/ワードに変換。なお,DAT (digital audio tape) の長時間モード,衛星放送 B モードでも圧伸を用いて 16 bit/ワードを 12 bit/ワードに変換している。

5.3.3 品　質　評　価

現在行われている品質評価方法の主流は，1.4節で述べた5段階による評定尺度法，いわゆるオピニオン評価である。

8 kbps の伝送速度で用いられる CS-ACELP（ITU-T 勧告 G.729 記載）をオピニオン評価した例を図 5.14 に示す。比較のため原音，および 32 kbps の ADPCM 方式（ITU-T 勧告 G.726 記載）を同じ条件で評価している。ホス騒音とは電話システムの評価のために用いられる，ITU-T 勧告で用いられた人工騒音で，おおむね－5 dB/oct の周波数成分からなり，室内騒音を模擬するものとされている。この結果より，この CS-ACELP 方式は 32 kbps の ADPCM と同等の品質をもつものと理解されている。

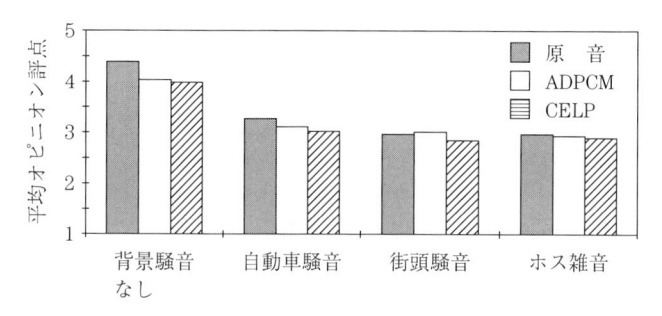

図 5.14　CS-ACELP 方式の主観評価結果〔北脇信彦 編：ディジタル音声・オーディオ技術，電気通信協会（1999）より〕

しかし，オピニオン評価には本質的に不安定性がつきまとううえに，新技術や新システムが提案されるたびに詳細なオピニオン評価試験を行うのは非効率である。このため，少ない手間で的確な評価が可能な客観評価法を開拓してこれに替えようとする研究が進められている。有力な手法として，標準系との相対比較により品質を評価する方法が注目されている。

例としてオピニオン等価品質評価法がある。音声の振幅に比例する白色雑音を加えた信号を標準とし，その SN 比を変化させてオピニオン評価により品質を求め，符号化された音声のオピニオン評価値と同じオピニオン評価値の SN 比をもって符号化音声の品質を表す方法である。

5.3 音声に特化した信号処理ディジタル伝送と携帯電話方式　　139

これに用いる標準系として，**変調雑音発生標準装置**（modulated noise reference unit：**MNRU**）がITU-T勧告に記されている．雑音にはPCM量子化雑音に近い白色雑音を用いる．符号化音声のオピニオン評価値は，図 5.15 のようにこの標準系のオピニオン評価に対応するSN比の値（オピニオン等価 Q 値）で表される．

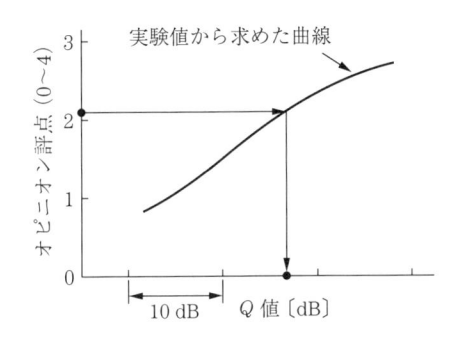

図 5.15　オピニオン等価 Q 値の概念

この方法は，オピニオン評価を標準系との相対評価で行うため再現性が比較的よく，また，符号化系が縦続接続されたときのオピニオン評価にはSN比の相加則が利用できるなどの特徴がある．

5.3.4 ディジタル携帯電話システム

CELP方式は固定電話システムでも用いられているが，最も効果的に応用した例は第2世代と呼ばれるディジタル携帯電話システムである．

携帯電話方式の母体は自動車電話システムである．長距離を高速で移動する自動車で使用される無線電話を実現するため，既存の固定電話ネットワークとは独立のネットワークを設け，全国を数キロメータの規模の複数のゾーンに分割してゾーンごとに地上局を置き，電話端末機がどのゾーンにいるかをシステムが常時監視する高度なシステムが実用化された．端末機の無線出力は5Wと設定された．電源電力の潤沢な自動車内を前提とした大出力といえる．

その後，自動車電話システムの移動機を小形軽量化すれば携帯電話機が実現できる，という発想で自動車からもち出せる肩掛け形の端末機が開発された．

さらに体積 400 cm³ の NTT の「TZ-803 移動機」（無線出力 1 W），220 cm³ のモトローラ社「マイクロタック」（出力 0.6 W）と小形軽量化が進み，100 cm³ 台のポケッタブル機が安価に提供されるようになって広く普及した。音声信号伝送はアナログ変調方式（位相変調）であった。これを第 1 世代の携帯電話機と呼ぶ。

ユーザの増加とともに通話チャネル数を増加する必要が生じ，通話の安定性，秘話性の面からも好ましいディジタル変調方式の携帯電話が導入された。音声信号の符号化には CELP 方式が用いられ，5.6 kbps という大幅な情報圧縮が実現された。多重アクセス方式は **TDMA**（time division multiple access）を採用した。これが第 2 世代と呼ばれ，標準方式となったものである。ただし，日本と欧州とでは方式が異なり，システムの共用はできない。また当初は，CELP 方式で処理された音は，アナログ電話機や PHS に比べて自然性に劣り，遅延も感じられるなどの意見もあったが，携帯性という大きな利便性はこれを補って余りあるもののようである。

わが国の第 2 世代システムは，i モードと呼ばれる簡易データ通信方式が実用化されて爆発的に普及したことにより本格的なマルチメディアシステムへと脱皮した。第 3 世代とされる **CDMA**（code division multiple access）を用いた新システムの携帯電話機も 1999 年より販売され，一定のユーザを獲得している。例として NTT 系の第 2 世代および第 3 世代の携帯電話方式の諸元を表 5.2 に PHS と比較して示してある（5.1.2 項参照）。

5.4 静止画像のディジタル記録とディジタルカメラ

二次元平面の画像信号は静止画，動画いずれもマルチメディアシステムで取り扱う信号の代表とされる。基本的な記述形式はビットマップデータであるが，特に動画像では伝送，記録，再生すべき情報の量が膨大なので，4.5.4 項で述べたように何らかのデータ圧縮技術の適用が必須となっている。静止画像においてもデータ圧縮は頻繁に用いられる。

はじめに，静止画像のデータ圧縮の基本技術および応用例を述べる．

5.4.1 エントロピー符号化

データを構成するシンボルの出現確率に差があるときに，発生の頻度の高いシンボルに短い符号を割り当てることにより伝送，記録，再生すべき情報の量を圧縮できる．これを**エントロピー符号化**と呼ぶ．信号の統計的な性質を利用した符号化であり，原則として元の信号を再現できる方法である．

（1） ハフマン符号化 符号の長さを可変とし，頻繁に現れるシンボルには短い符号を，めったに現れないシンボルには長い符号を割り当てることにより伝送，記録，再生すべきデータを圧縮できる．一般の信号波形では，正負の最大振幅値よりは0に近い値のほうが頻繁に現れるので，この方法が有効である．

ハフマン符号はこの方法の代表例である．例として**表 5.5**のような5値の信号の例を考える．それぞれの値に，**図 5.16**のように符号を割り当てる．

表 5.5 5値信号とシンボルの出現確率

シンボルの値	2	1	0	-1	-2
出現の確率〔%〕	5	15	60	15	5

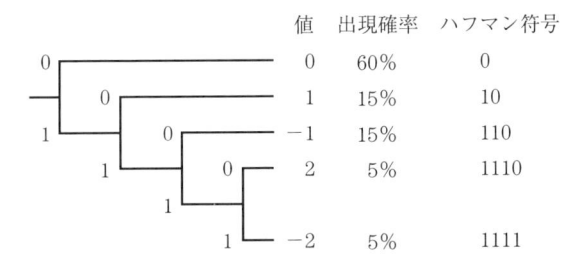

値	出現確率	ハフマン符号
0	60%	0
1	15%	10
-1	15%	110
2	5%	1110
-2	5%	1111

図 5.16 ハフマン符号の例

図 5.16を用いると，例えば

011010001110

という符号の列を受信したときは

0　110　10　0　0　1110

と分解できる．すなわち，均一符号化では 4 bit/ワードを要するところを，ハフマン符号化によれば 1〜4 bit/ワードとすることができ，データの圧縮が実現できることになる．

（2）ランレングス符号化　例えば，線画のようにピクセルが白，黒の 2 種だけであり，またその交差の少ない画像の場合，白または黒の値が連続することになる．8 × 8 点の白黒画像の例を**図 5.17** に示す．

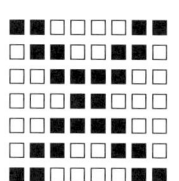

図 5.17　8 × 8 点の白黒画像の例

図 5.17 を左上から右下へ横向きに走査すると，**図 5.18** のような信号列（黒を 1，白を 0 と表現した）となり，受信側が 8 ピクセル/行であることを知っていれば元の線画を再現できる．

1 1 0 0 0 0 1 1 0 1 1 0 0 1 1 0 0 0 1 1 1 1 0 0 0 0 0 1 1 0 0 0 0 0 1 1 1 1　…

図 5.18　一次元化された白黒画像

ここで，これを白または黒の連続数，すなわち

2 4 2 1 2 2 2 3 4 5 2 5 4 3 2 2 2 1 2 4 2

という数字で伝送しても，受信側が最初は黒であることを知っていれば再現可能となる．これがランレングス符号化（run = 連続，length = 長さ）である．白または黒の続く長さが長いときには伝送するデータの量が圧縮できる．

この方法は古典的なもので，劇的な情報圧縮を工夫する余地は少ないが，知的財産権の影響が少ないので使いやすいものとされている．

（3）算術符号化　0 と 1 との間の区間をシンボルの出現確率の大小に比例する長さに分割していき，最終段階において個々の区分に含まれる点の座標を 2 進法の小数で表現して符号とする．シンボルの種類が多ければ，シンボル

の符号の長さはシンボルの出現確率と相反するようになる。符号化に際して算術演算を行うのでこの名がつけられた。

5.4.2 直交符号化

（1） 二次元離散コサイン変換　フーリエ変換のような直交関数系を用いた変換は直交変換と略称され，音響信号のみならず画像信号の符号化処理においても基本技術として重要である。音響信号の項（5.2.1項）で符号化のための変換に離散コサイン信号（DCT）が用いられることを述べたが，画像信号の変換においては二次元に拡張された離散コサイン変換が用いられる。ただし，音声信号では時間変化に対して用いられたのに対して，画像信号では1.3.3項に述べたように二次元空間での明暗変化に対して空間周波数が定義されるので，直交関数による空間での変換操作が行われる。

通常用いられる二次元離散コサイン変換は，一次元の第2種離散コサイン変換（DCT-II）の拡張として，式（5.7）で与えられる。

$$X_{pq} = \left(\frac{2}{N}\right)^{\frac{1}{2}} k_p k_q \sum_{m=0}^{N-1} \sum_{n=0}^{N-1} x_{mn} \cos\left\{\frac{(2m+1)p\pi}{2N}\right\} \cos\left\{\frac{(2n+1)q\pi}{2N}\right\} \tag{5.7}$$

また，これの逆変換は式（5.8）で与えられる。

$$x_{mn} = \left(\frac{2}{N}\right)^{\frac{1}{2}} \sum_{p=0}^{N-1} \sum_{q=0}^{N-1} k_p k_q X_{pq} \cos\left\{\frac{(2m+1)p\pi}{2N}\right\} \cos\left\{\frac{(2n+1)q\pi}{2N}\right\} \tag{5.8}$$

ただし，$k_0 = 1/\sqrt{2}$，それ以外の k_p, k_q は1とする。

画像処理では，音声処理のようなデータをオーバーラップさせた切出しを行わないので，変形離散コサイン変換（MDCT）は用いられない。

（2） JPEG符号化方式　上記のような符号化方式の応用例として，JPEG符号化方式を取り上げる。

JPEGとは本来，カラー静止画像のデータ圧縮方式の標準化を目的として1986年より活動を開始した国際規格作成グループ Joint Photographic image coding Experts Group (joint は ITU-T，ISO，IEC の共同作業を表す) の略称であるが，現在では，同グループが作成したいくつかの規格のうち，1994 年にその基本的な部分が ITU-T T.81 | ISO/IEC 10918-1 として標準化され，現在最も広く使われている非可逆符号化方式の名称として定着している。

この符号化方式の概要を図 5.19 に示す。

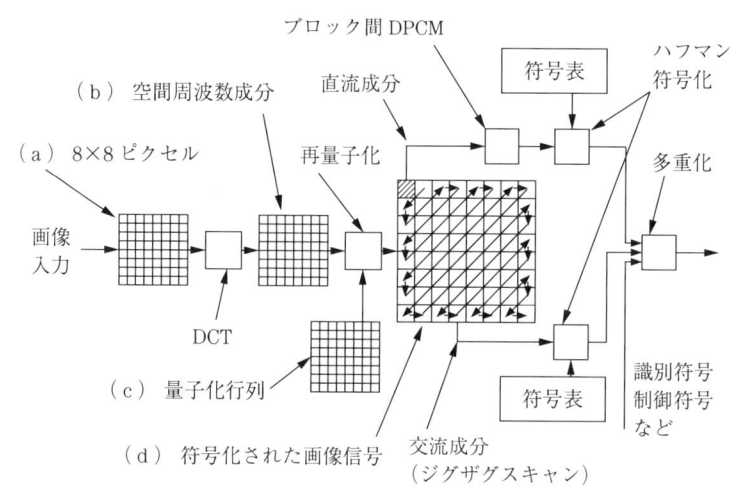

図 5.19 JPEG 符号化方式

入力画像としては，各ピクセルが複数の bit (例えば 24 bit，RGB 三原色各 8 bit) で表現されている多値ディジタル静止画像を対象としている。これを 8×8 ピクセル (16×16 の例もある) のブロックに分割し，二次元 DCT により空間周波数領域に変換する。図の格子部分は変換結果の表を表している。$(p, q) = (0, 0)$ の成分 (図の左上ハッチング部のデータ) は直流 (DC) 成分で，このブロックの輝度を表す。ほかの成分はブロック内での画像の変化を表し，右下にいくほど細かい変化を表していることになる。それぞれの成分に重みを与えて再量子化し，順次に伝送または蓄積する。

JPEG における符号化とデータ圧縮の概念を図 5.20 に示す。図 (a)〜(d) はそれぞれ図 5.19 の各箇所に対応している。

72	64	62	59	71	64	52	61
62	60	56	69	65	61	60	68
59	57	66	62	52	59	62	52
61	52	49	51	58	53	52	52
52	55	51	70	52	59	66	62
56	52	61	58	62	56	52	41
54	41	52	54	64	51	39	33
44	52	55	62	52	44	28	31

(a) 画像の Y 成分の一部 (8×8 ピクセル)

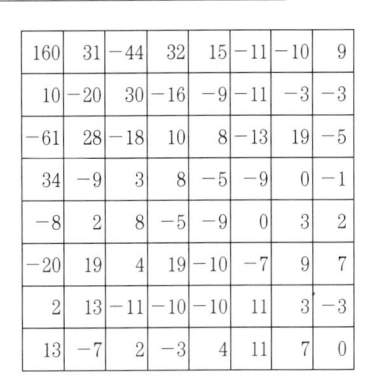

160	31	−44	32	15	−11	−10	9
10	−20	30	−16	−9	−11	−3	−3
−61	28	−18	10	8	−13	19	−5
34	−9	3	8	−5	−9	0	−1
−8	2	8	−5	−9	0	3	2
−20	19	4	19	−10	−7	9	7
2	13	−11	−10	−10	11	3	−3
13	−7	2	−3	4	11	7	0

(b) (a)に DCT を施した結果

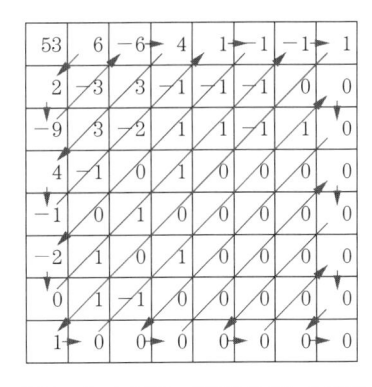

3	5	7	9	11	13	15	17
5	7	9	11	13	15	17	19
7	9	11	13	15	17	19	21
9	11	13	15	17	19	21	23
11	13	15	17	19	21	23	25
13	15	17	19	21	23	25	27
15	17	19	21	23	25	27	29
17	19	21	23	25	27	29	31

(c) 量子化ステップ行列 (右下ほど値が大)

53	6	−6	4	1	−1	−1	1
2	−3	3	−1	−1	−1	0	0
−9	3	−1	1	0	−1	1	0
4	−1	0	1	0	0	0	0
−1	0	1	0	0	0	0	0
−2	1	0	1	0	0	0	0
0	1	0	1	0	0	0	0
1	0	0	0	0	0	0	0

(d) (c)を用いて再量子化した結果

図 5.20 JPEG における符号化とデータ圧縮の例〔末松良一，山田宏尚：画像処理工学，コロナ社 (2000) より〕

図(a)は，ある静止画像の Y 成分の一部を構成する 8×8 ピクセルのブロックを表すディジタルデータである．ワード長が 8 bit なので 0〜255 の間の数値となる．

図(b)は，これを二次元 DCT により空間周波数領域に変換したデータの表で，左上は X_{00} すなわち直流成分，その右は X_{10}，左は X_{01}，表の右下は X_{77} を表す．

図(c)は，これを再量子化するためのステップの大きさの表（符号表）であ

る。空間周波数の低いデータは重要なので細かいステップで，空間周波数の高いデータは重要性が低いので粗いステップで再量子化する。ここで非可逆なデータの圧縮（言い換えれば一部の情報の廃棄）が行われる。

図（d）は，再量子化の結果の表で，高い空間周波数のデータはもともと小さかったので 0 となったものが多い。これらのデータを矢印のような順序でジグザグスキャンして一次元の符号の並びとし，送出または記録する。

符号化方式としてはハフマン符号が用いられる。

JPEG のベースラインシステムは，ブロックを左上から横方向へ順次に処理して送出するシーケンシャル（順次的再生）方式をとっているが，JPEG 拡張システムでは，つぎのようなプログレシブ（段階的再生）方式も用いられる。

① 元の画像を第 0 階層の画面とする。
② これに二次元ローパスフィルタリングを施し，サブサンプリングによりピクセルの総数を圧縮して解像度を落とした第 1 階層の画面をつくる。
③ これを繰り返して第 n 階層まで作成する。
④ 最上位（第 n 階層）から順次伝送していく。

この方法は，最初から画像全体を大まかに眺めることができるので，受信側に親切な伝送，再生が可能となる。また，画像検索している場合は能率が向上する効果もある。

拡張システムでは，伝送のための符号にはハフマン符号のほか算術符号も用いられる。

5.4.3 ディジタルカメラシステム

JPEG 方式は，パソコンにおける静止画像の記録方式の標準となった感があり，またインターネットを介した画像のやり取りにも広く用いられている。一方，この方式を最大限に活用することにより誕生し，発展したシステムとしてディジタルスチルカメラ，いわゆるディジタルカメラがあげられる。その動作は画像をディジタルファイルに変換するためのスキャナと相似である。画像記録方式としては JPEG 以外の記録方式も用いられる。例えば，豊富な記憶容量

をもつ製品では圧縮を行わない原ファイル（RAW 型式）で蓄積するものもある。

ディジタルカメラは，原理的には従来の銀塩カメラの感光，記録素子であるフィルムを**光電気変換素子**〔**CCD**（charge coupled device または **MOS 変換素子**）〕および半導体メモリに置き換えたものである．CCD の1画素の構造を図 5.21 に示す．光はレンズで集光され，カラーフィルタを経て受光部（ホトダイオード）に達する．光の量に応じて発生した電荷は転送路に送出される．したがって，出力信号はアナログ信号である．MOS 変換素子も受光部は同じホトダイオードだが，通常の IC と同じ構成をとっており，出力信号はリード線で取り出す．CCD は，雑音に強いが複数の電源を要するなど構成が複雑である．MOS は構造簡単で小消費電力だが雑音の影響を受けやすいといわれる．

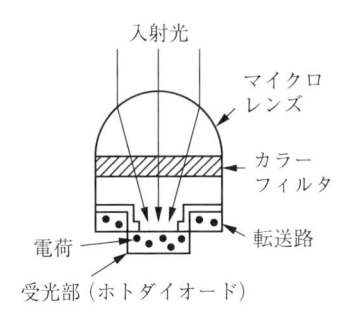

図 5.21 CCD の1画素の構造

感光，記録素子はカメラの中枢部分であるので，カメラシステムとしての技術的な相違をいくつか列挙できる．**表 5.6** にディジタルカメラと銀塩カメラとの比較を示す．

ディジタルカメラにおける画像信号処理の流れは下記のようなものである．

① 各ピクセルの受光素子で入射光の強さに応じた電気信号を得る．カラー分離は原色フィルタ（赤，緑，青：R，G，B）または補色フィルタ（シアン Cy，マゼンタ Mg，黄 Y，これに緑を加えて4色とすることもある）による．前者は忠実な色再現を実現しやすい．後者は入射光量が大きいので低感度の受光素子，暗いレンズに向く．

5. 信号適応ディジタルシステム技術

表5.6 ディジタルカメラと銀塩カメラの比較

		ディジタルカメラ	銀塩カメラ
受光素子		CCD，MOS素子などの光電変換素子	銀塩フィルム
ディスプレイ	画面の大きさ	普及形：7～9×5～7 mm² 高級形例：28.7×19.1 mm² さらに大形化の趨勢	35ミリフィルムの標準サイズ画面の場合 36 mm×24 mm
	画素数	普及している製品は300万程度 最大500万程度	実質的に千数百万 ただし均一とは限らない
	受光の原理	半導体の光電効果 (CCDまたはMOS素子)	ハロゲン化銀の化学変化 (光による銀の分離)
	カラー分離	一般に 高感度受光素子：R，G，B 低感度受光素子：Cy，Mg，Y	ポジフィルム：R，G，B ネガフィルム：Cy，Mg，Y
記録素子		半導体メモリ	銀塩フィルム (受光素子と同一)
撮影レンズの焦点距離		画面が小さいのでレンズの焦点距離も右記より短い (カタログなどでは同じ画角をもつ35ミリカメラ用レンズの焦点距離に換算して表示)	標準レンズで40～50 mm
ズーミング		光学式および電子式 (受光素子使用範囲変更)	光学式
構成の多様化		携帯電話機の機能の一つとして導入されている	レンズ付きフィルムが簡易カメラとして普及

② 信号をディジタル量に変換する。また補色フィルタを用いた場合は原色 (R，G，B) に変換する。

③ トーンカーブ補正，ノイズ除去，エッジ強調などの操作を施す。

④ 信号をJPEG方式などを用いて圧縮する。

⑤ 半導体メモリに記録する。

なお，受光素子の大きさと画素数とは必ずしも対応しない。技術の進歩により素子は大形化が進んでいるが，画素数は500万程度で実用上ほぼ満足とみなされ，今後は画素を大きくして感度を改善する方向に関心が移っている。

5.5 凸レンズの定数

カメラや光ディスクに用いられる**凸レンズ**の説明図を**図 5.22**に示す。ここでは，レンズは空気中（屈折率 1 の雰囲気）にあり，厚さは無視できると考える。

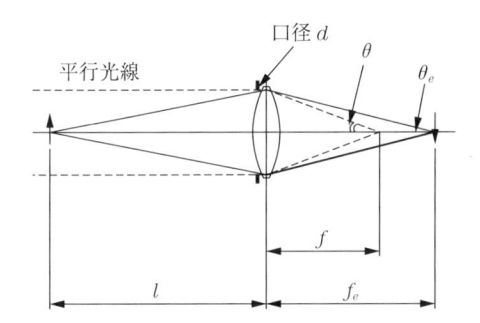

図 5.22 凸レンズ

凸レンズの特徴は集光性である。無限遠方からくる平行光線が理想的な凸レンズに入射すると，焦点と呼ばれる 1 点に集光される。レンズから焦点までの距離 f を焦点距離と呼ぶ。レンズの保持体により決められるレンズの有効な直径を d とすると，レンズの明るさ（実際は暗さ）を表す F 値

$$F = \frac{f}{d} \tag{5.9}$$

が定義できる。

光源が有限の距離 l にあると，レンズから集光される点への距離 f_e は f より大きくなる。これらの間には

$$\frac{1}{f} = \frac{1}{l} + \frac{1}{f_e} \tag{5.10}$$

の関係がある。l の点に被写体があれば f_e の点にその実像ができる。l が一定なら f と f_e の大小は対応し，図の角度 θ_e の大小はその逆となる。f が小さく角度 θ_e が大きいのが広角レンズ，f が大きく角度 θ_e が小さいのが長焦点（望遠）レンズである。

レンズの集光能力に対応する**開口数**(numerical aperture：*NA*)は角度 θ_e を用いて

$$NA = \sin \theta_e \tag{5.11}$$

で与えられる。光の波長λは有限なので回折限界により，どのように優秀なレンズでも集光半径（エアリーディスクの半径）$0.61(\lambda/NA)$ より小さな円に集光することはできない。したがって，光ディスクに用いられるレンズでは *NA* の値は重要である。

5.6 ズームレンズ

焦点距離可変のレンズを**ズームレンズ**と呼ぶ。一般に描写性能，レンズの明るさ，軽量性では固定焦点距離のレンズに劣るが，ビデオカメラなど小形のレンズを用いるもの，スチル写真用でも超精密な描写性能を要求しない用途にはズームレンズの使用が一般的である。

人の目の水晶体（2.3.1項参照）は，厚さすなわち表面の曲率半径の変化で焦点距離を調節する1枚のズームレンズだが，工業的に生産されるガラスやプラスチックのレンズでは形状，寸法の変化が不可能なので，複数のレンズを組み合わせ，その相対位置を変化する構成をとる。例として4成分構成のズームレンズの原理を**図 5.23** に示す。

レンズIで被写体の実像を形成する。レンズからの距離が決まれば像の大きさは一定である。レンズII（バリエータ）が形成する第2の実像の大きさはレンズの位置により変化させることができるが，大きさとともに位置も変化する。そこでレンズIII（コンペンセータ）を対応して動かし，レンズIVに平行光線を送ることにより固定された撮像位置に最終実像を形成する。ズームレンズにはこのほか，2成分構成，3成分構成など多くの方式が用いられる。いずれも一般に10枚以上のレンズ素子で構成されるので，コンピュータによるレイトレーシング計算を駆使して設計される。

ズームレンズは本質的に複数レンズの組合せであり，カメラ付き携帯電話機

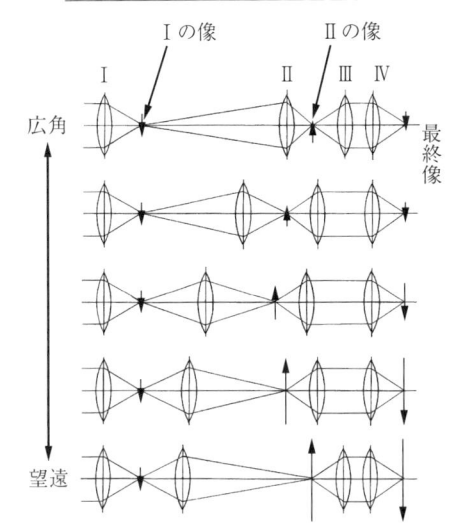

図5.23 4成分構成のズームレンズの原理

のようなスペースの限られた機器への実装が難しい．こうした機器ではレンズは固定焦点距離とし，受光部の動作面積を変化させるズーミングが行われるが，狭い画角の場合は使用する受光素子の数が少なくなるので画質は低下する．

5.7 動画像のディジタル伝送と記録と地上ディジタル放送

5.7.1 動画像のための予測符号化

動画像を符号化する技術は5.4.2項のJPEG符号化方式の拡張で実現できる．すなわち，例えばNTSC方式で撮影された動画像なら29.97 Hzの周波数でつぎつぎに生起するフレームを符号化していけばよい．

しかし，こうした単純な方法では大きな計算処理容量を要することになるので，音声信号の場合と同じように予測符号化が用いられる．

（1）**フレーム間予測符号化** 1フレーム前の画像の同一位置の画素値より，3.3節で述べた差分PCM（DPCM）またはADPCMを用いて予測符号化する方法が使用できる．連続するフレーム間の差分に対してJPEG方式のような空間でのDCTを適用すれば，個々のフレームを独立に符号化するよりも

データが圧縮される。

画面の静止部が多く，一部分のみがフレームごとに変化しているような動画像では，この方法で有効なデータ圧縮が可能となる。

5.1.1項で，差分PCMでは予測に用いる時間系列の信号の数を2階，3階…と増やして線形予測を行うことによりさらにデータ圧縮効果を高められる可能性があることを述べた。こうした方法は動画像にも適用できる。

（2） **動き補償フレーム間予測符号化**　動画像の個々のフレームは二次元なので，単純に同じ場所の画素の時間変化を用いて線形予測するより，フレーム内の特徴的な物体像の面内での動き（移動量）を用い，空間的な変化も取り入れて差分を予測するほうが効果的である。こうした方法を**動き補償**(moving compensation：MC) フレーム間予測符号化と呼び，この面内での移動量を移動ベクトルと呼ぶ。

例えば，カメラを左から右へ動かして風景を見渡すような動画像では，フレーム間で動かない部分がなくなるので予測符号化の効果が減殺されてしまうが，じつは画面のなかの物体像は形を変えずに移動しているのみなので，動き補償がきわめて有効となる。

移動ベクトルを求める代表的な方法としてブロックマッチング法がある。これは，フレームの部分をなすブロックを上下左右に動かして前後のフレームと比較し，差分が最小となる移動方向を求めるものである。

5.7.2　MPEGビデオ符号化方式

MPEG方式はオーディオおよびビデオ信号を，なるべく品質を劣化させずにデータ圧縮して伝送，記録，再生するための方式として国際標準化されたものである。この方式は図5.24に示すMPEG-2システムの場合の例のように，オーディオおよびビデオ信号をエンコードしてそれぞれの符号列（エレメンタリーストリーム）とし，これを分割してパケット化し，多重化して送出する部分と，これを受けてデコードする部分との組合せを想定している。ただし，規格はパケット化以降デコードまでを規定しており，エンコード部分については

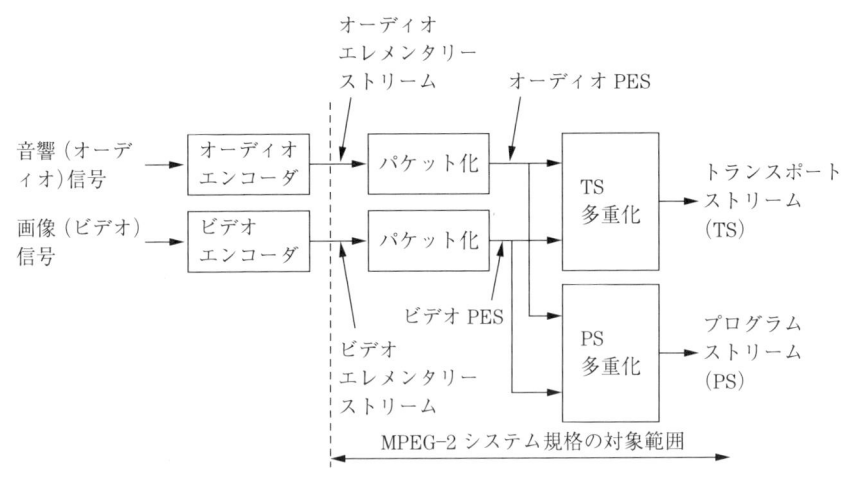

5.7 動画像のディジタル伝送と記録と地上ディジタル放送

図 5.24 MPEG-2 信号の形成

自由度を残してある。

MPEG-2 システムを構成する符号化方式のうち，MPEG オーディオ方式については既に 5.2 節で述べた。ここでは **MPEG ビデオ方式** を解説する。

MPEG ビデオ符号化方式は動画像のデータ圧縮方式の代表とされ，種々の用途に用いられている。この方式は，ひと口にいえば動き補償フレーム間予測符号化と離散コサイン変換（DCT）とを組み合わせた方式であり，静止画のための JPEG 方式の拡張と考えると理解しやすい。

ここで，MPEG ビデオ方式の種類を概観しておこう。MPEG とは国際規格審議グループ ISO/IEC/JTC 1/WG 11 の名称 "motion pictures coding expert group" の略だが，その組織で作成した ISO/IEC 規格に決められた方式の名称として知られている。

最初の MPEG-1 方式は 1988 年に審議を開始し，1992 年に ISO/IEC 11172 シリーズとして仕様が確定したもので，正式な表題は「約 1.5 Mbps までの，ディジタル蓄積メディアのための動画と関連するオーディオの符号化」である。符号化の対象となるビデオ信号は ITU-R 勧告に記述されている SIF フォーマットで，水平，垂直の解像度が一般のテレビジョン信号の半分（水平画素数 Y：360，C：180，垂直画素数 Y：240，C：120）の 4：2：0 順次走査信号

であり，色差信号 Cb，Cr の情報量を輝度信号 Y の半分とし，かつ Cb，Cr を1フレームおきに交互に伝送するものである．プログレシブ方式のみを対象としている．

これに続く MPEG-2 方式は 16 Mbps 程度のデータ速度で，インタレース方式も対象としており，正式な表題は「動画と関連するオーディオの汎用符号化」である．蓄積のみならず動画像の放送，通信分野にも使用できるものとされ，1990 年に審議を開始し，1994 年に標準化が完了した．規格番号は ISO/IEC 13818 シリーズである．MPEG-2 の成立によりディジタルテレビジョン，DVD などの方式が現実のものとなった．さらに 50～80 Mbps 程度の HDTV クラスの高画質を狙った MPEG-3 方式が検討されたが，これは MPEG-2 の拡張により統合された．

一方，1998 年に ISO/IEC 14496 として標準化された MPEG-4 方式は動画像をオブジェクトの組合せとして符号化するもので，画像の要素を分割して

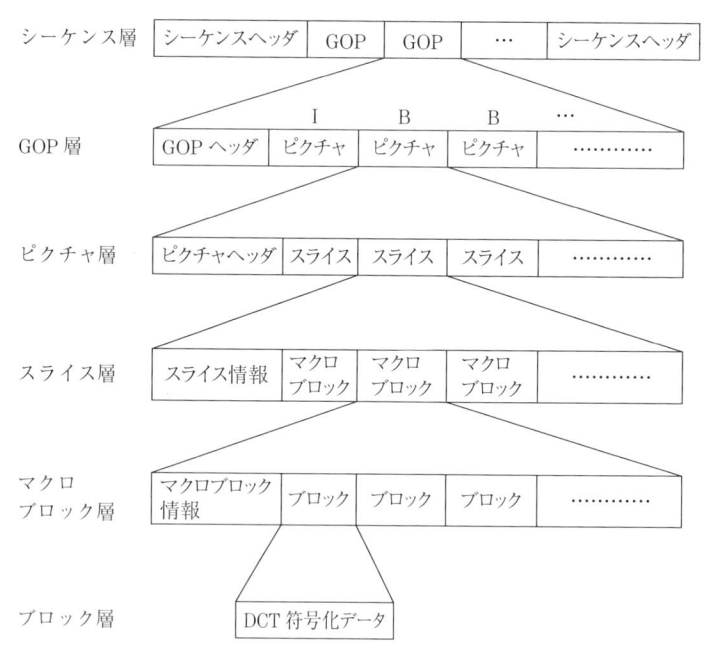

図 5.25　MPEG-1 ビデオ方式における信号の流れと分割方法

別々に取り扱うなど多様性に富むことを特徴としており，インターネットや携帯電話における動画像通信機能を提供した。これに続いた MPEG-7 はオブジェクトの利用法に関するもので，データ圧縮技術とは離れた内容となった。

ここでは，まず MPEG-1 ビデオ方式における信号の取扱いを解説する。信号の流れとその分割方法を図 5.25 に示す。

動画像を形成する個々の画面を**ピクチャ** (picture) と呼ぶ。図のシーケンス層はピクチャの流れであるが，これは一つ以上の **GOP** (group of picture) の最初にヘッダを，最後に終了コードを与えられたグループとして処理される。シーケンスヘッダには画像サイズ，アスペクト比 (縦横比)，画像のサイズ，ビットレートなどの情報が含まれる。

GOP は個々のピクチャからなり，ピクチャはさらに分割されて最終的に 8×8 画素のブロックとなる。このブロックが動き補償フレーム間予測符号化と離散コサイン変換 (DCT) とを組み合わせた符号化の対象となる。

これらの各層の概念を図 5.26 に示す。

個々の GOP はつぎの 3 種のピクチャ (フレーム) を含み，それぞれがフレーム間予測において性格の異なる単位となる。

（1）**I** (intra-coded) **ピクチャ**　予測符号化における「最初の 1 枚」であり，ほかのピクチャの予測のための参照画像となるが，自身の符号化においてはほかの画像からの予測は行われない。

（2）**P** (predictive-coded) **ピクチャ**　I ピクチャまたはほかの P ピクチャより予測されるが，過去の画像からの順方向予測のみである。

（3）**B** (bidirectionally predictive-coded) **ピクチャ**　過去および未来の I ピクチャ，P ピクチャより予測される。

一つの GOP に含まれるのは一つの I ピクチャと複数の P ピクチャおよび B ピクチャである。予測の対象とならない I ピクチャを GOP ごとにおくのは，動画像のランダムアクセスや早送り表示の便のためであるが，データ復元における予測に由来する誤差を累積させない役割もあるので，I ピクチャはリフレッシュフレーム，キーフレームとも呼ばれる。

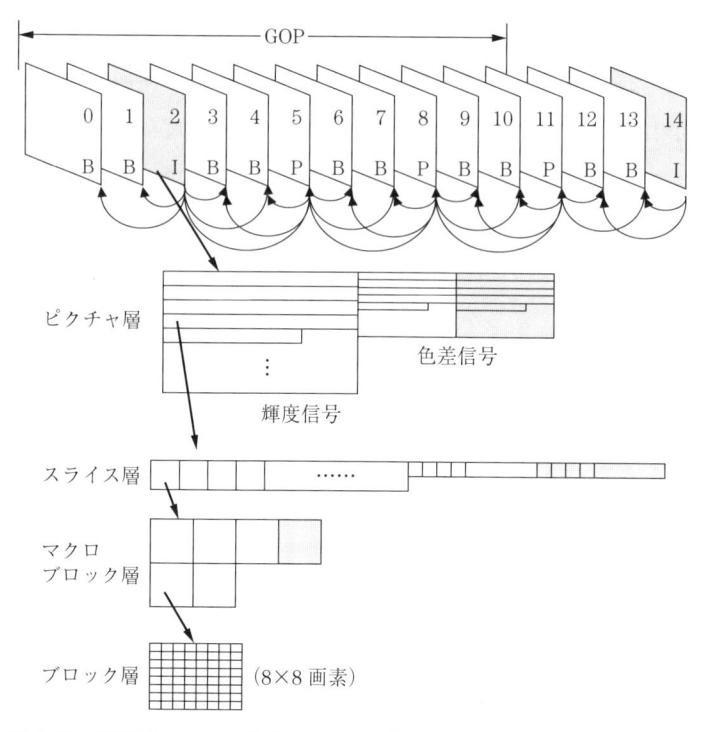

156   5. 信号適応ディジタルシステム技術

図 5.26 MPEG-1 ビデオ方式における 3 種の画像データとその細分化方法

符号化器には，未来の画像からも予測されるBピクチャよりその参照画像を先に届ける必要がある．すなわち，GOP で最初に符号化されるピクチャは I ピクチャでなくてはならない．このためピクチャの順序を入れ替えて符号化処理し，復号時に順序を復元することが行われる．例えば，図 5.26 の例では 2, 0, 1, 5, 3, 4, …の順で符号化される．

ピクチャ層は 1 枚のカラー画像で，輝度 (Y) 信号，色差 (Cb, Cr) 信号からなる．前者と後者の一つとの情報量の比は 2：1 とされる．これを複数のスライスに分割し，さらにマクロブロックに分ける．マクロブロックは四つの輝度信号ブロックと，同じ画面の一つずつの色差 (Cb, Cr) 信号ブロック，計六つのブロックからなる．

ブロックの DCT およびジグザグスキャンによる符号化手法は，JPEG 方式に類似である．

5.7 動画像のディジタル伝送と記録と地上ディジタル放送

　MPEG-1 ビデオ方式は，画像の大きさが一般のテレビジョンより小さく，簡易方式と位置づけられるものであるが，CD-ROM などに動画を蓄積する方法として成功を収めた．

　MPEG-2 は，標準テレビジョン方式の画像（3〜5 Mbps），HDTV の画像（15〜20 Mbps 程度）など多くの種類の動画像の蓄積，放送，通信に用いられる汎用方式として標準化された．最上位の HDTV から小さな画面のテレビジョンまで複数の画質のものをサポートしており，プロファイルおよびレベルという観点で分類している．プロファイルは用途を重視した分類で

- ハイプロファイル：高品位テレビジョン
- メインプロファイル：テレビジョン放送や DVD などの一般的な用途
- スケーラビリティプロファイル：データを多重化して再生機器により使い分け可能としたもの
- シンプルプロファイル：通信用途など簡易な装置

が用意されている．また，レベルは画面の解像度（画素数）とフレームレート（1 秒当りのピクチャ数）で分類される．

表 5.7　MPEG-2 でサポートされるレベルとプロファイルの種類

		プロファイル				
		simple	main	SNR scalable	spatially scalable	high
レベル	high 1 920 × 1 080, 30 f/s 1 920 × 1 152, 25 f/s	―	MP@HL 4：2：0	―	―	HP@HL 4：2：2
	high 1440 1 440 × 1 080, 30 f/s 1 440 × 1 152, 25 f/s	―	MP@H 1440 4：2：0	―	SSP@H 1440 4：2：0	HP@H 1440 4：2：2
	main 720 × 480, 29.97 f/s 720 × 576, 25 f/s	SP@ML 4：2：0	MP@ML 4：2：0	SNP@ML 4：2：0	―	HP@ML 4：2：2
	low 352 × 288, 29.97 f/s	―	MP@LL 4：2：0	SNP@LL 4：2：0		

（注）　f/s は 1 秒当りのフレーム数
（出典）　加古　孝，鈴木雅也：MPEG 理論と実践，p. 62，NTT 出版（2003）の表より．

5. 信号適応ディジタルシステム技術

MPEG-2 がサポートしているレベル，プロファイルの種類を**表 5.7** に示す。数字は横ピクセル数 × 縦ピクセル数，1秒当りのピクチャ数である。データの層構成は MPEG-1 方式と同じだが，各層のタイプなどは多様となっている。

標準テレビジョン方式に適合するのは **MP@ML**（メインプロファイル・メインレベル）である。この方式ではインタレースを行うので，フレーム構造のままでの処理，およびフレームを2分割したフィールド構造での処理のいずれも可能となるようにされている。

高品質画像を狙った MPEG-3 が MPEG-2 に吸収されたことは前述した。続く MPEG-4 方式の審議では，当初「超低ビットレート画像・音響符号化」のタイトルを掲げてさらなるデータ圧縮技術の開拓と標準化を狙ったが，高度なデータ圧縮方式は使用条件に制約があるなどの問題が明らかとなり，タイトルを「画像・音響オブジェクトの符号化」と変更した。審議の途中で性能追求から機能追求に転換したわけである。

この方式におけるオブジェクトとは，**図 5.27** のように人物，背景のような画像の要素，文字，音などを指す。MPEG-4 はこれらを分離して符号化する

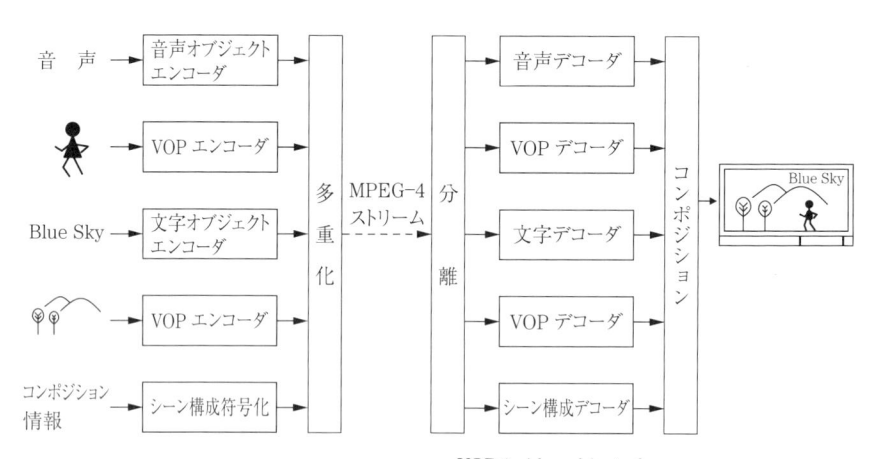

VOP：video object plane

図 5.27 MPEG-4 におけるオブジェクトの符号化と復号化〔原田益水：新ディジタル映像技術のすべて，電波新聞社（2001）より〕

ことにより圧縮の効率を高めるようにしているのが特徴である。

MPEG-4 はインタネットに接続された携帯電話に 64 kbps～2 Mbps の速度で動画を配信する用途に使われており，今後の発展が期待されている．しかしオブジェクトの分離は，例えば俳優の顔を別人のものに入れ替えるなどの画像の改変を容易にするものでもあり，MPEG-4 は従来の方式ではみられなかった問題点を含むともいえよう．

5.7.3 伝送される情報の構成

MPEG 方式における情報の伝送方式 (ビットストリーム) は，パケット多重と呼ばれるもので，ビデオ，オーディオなど各種の信号をパケット化し，これをまとめたパックと呼ばれる単位を伝送，記録している．MPEG-1 の例を図 5.28 に示す．個々のパケットには最初にスタートコードがあり，さらに ID，パケット長の情報が続く．またタイムスタンプ情報をもち，伝送路の事情で順序が前後して受信された場合に対処している．パックの先頭には SCR (システムクロックリファレンス) が用意される．

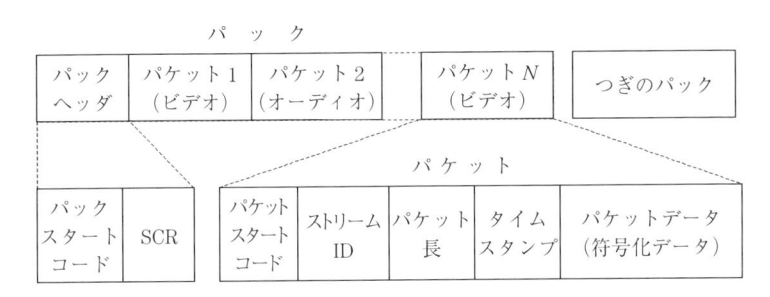

図 5.28 MPEG-1 におけるパックとパケット

このように，パケットの中味の情報の種類にかかわりなく機械的に伝送，記録することによりマルチメディアシステムを実現している．

5.7.4 地上ディジタルテレビジョン

テレビジョンのディジタル放送は人工衛星によるものが先行したが，UHF

160   5. 信号適応ディジタルシステム技術

帯域のテレビジョンチャネル (3.2.1 項参照) の地上波を用いた**地上ディジタルテレビジョンシステム**が 20 世紀最後期に実用化され，テレビジョン放送方式の変革が行われることとなった．わが国でも 2003 年 12 月より東京，名古屋，大阪で本放送が開始された．導入の目的としてはテレビジョン放送における高品質化，放送内容の多様化，伝送の双方向化などによるサービス改善のほか，テレビジョン放送の占有している電波の周波数帯域の縮小がある．

　導入後，一定の並存期間の後，アナログテレビジョン放送は廃止され，VHF 帯域および一部の UHF 帯域はほかの用途に譲られる．しかし，放送方式は日本，米国，欧州で異なるものとなり，ディジタル技術の世代になってもアナログテレビジョンと同じく世界的な互換性は実現されなかった．特に，アナログテレビジョンでは日本と同じ NTSC 方式をとっていた近隣の韓国と台湾が，地上ディジタルテレビジョンにそれぞれ米国方式，欧州方式を選んだことは留意しておくべきであろう．

　地上ディジタルテレビジョンシステムは，5.8 節で述べるディジタル多目的ディスク (DVD) と並んで MPEG ビデオ，オーディオ方式の代表的な応用例とみなされる．ここでは，ISDB-T と呼ばれるわが国の地上ディジタルテレビジョンシステムの技術を述べる．わが国のシステムは，ディジタルラジオ放送も包含したシステムとなっており，マルチメディアシステムの例として興味深い．

　変調方式は ADSL システム (4.7 節参照) と類似の，周波数軸上に多数の搬送波を並列した OFDM 方式をとるが，従来のテレビジョン放送 1 チャネルの周波数帯域 (6 MHz) を約 429 kHz の幅の 14 のセグメントに分割して独立に取り扱う．セグメントの内部構成は

- モード 1：108 の搬送波を 3.968 kHz 間隔で配置，252 μs の長さのシンボルを変調
- モード 2：216 の搬送波を 1.984 kHz 間隔で配置，504 μs の長さのシンボルを変調
- モード 3：432 の搬送波を 0.992 kHz 間隔で配置，1 008 μs の長さのシン

ボルを変調
のいずれかから選択し，多くの搬送波にテレビジョンのディジタルストリーム信号データを分散して伝送させる。変調方式は1セグメントに対し，ノイズなどの条件に応じて QPSK, 16 QAM, 64 QAM より選ぶ方法と，DQPSK（差分 QPSK）を用いる方法が規定されている。なお，実際には隣接チャネルとの干渉を防止するため1チャネルのセグメント数を13とし，5.57 MHz の帯域幅のみを使用する。

13 セグメントを3種類の幅のグループに分割し
・固定受信：家庭の据え置きテレビジョンなど
・移動受信：車載の移動テレビジョンなど
・部分受信：携帯電話機のテレビジョン機能など

に対応できるように使用するセグメントを指定できる。

例えば，固定受信のための高精細テレビジョンには複数のセグメントを充当するが，これを並列せずに低周波数側と高周波数側のセグメントに分散してマルチパス妨害を減殺するなどの自由度が与えられている。また，複数セグメントのうち一つのみを受信して部分的なサービスを受ける（例えば音響信号のみを聴取する）ような形式も規定されている。

信号の多重化方式は 5.7.2 項で述べた MPEG-2 システムによっており，映像符号化方式は MPEG-2 を用いる。音響信号符号化方式は MPEG-2 オーディオ/AAC を採用しており，CD や DVD とは異なって線形の PCM 方式には対応していない。

5.7.5 ディジタルラジオ放送

VHF, UHF 周波数帯域の電波を用いてラジオ放送をディジタル変調化する手法には，ディジタルテレビジョンと同様の利点があり，前後して実用化された。欧米の方式が従来の VHF 帯域での FM ラジオの延長となっているのに対し，わが国のディジタルラジオ放送は従来のラジオ放送とはまったく異なって UHF 帯域での地上ディジタルテレビジョンの帯域の一部を用いる。この

ため2003年より開始された実験放送はVHFテレビジョンの第7チャネルを用いた。テレビジョンと異なり、本放送開始後も従来のアナログラジオ放送は存続される。

ディジタルラジオ放送の変調方式は、地上ディジタルテレビジョンの方式と同じOFDM方式で、テレビジョン放送1チャネルの周波数帯域を14のセグメントに分割し、うち13セグメントに配置する。

音響信号の放送は、1セグメントを用いた約280 kbps または1.8 Mbps の速度が基本となる。3セグメントを用いてマルチチャネルの音響信号のほかデータ、簡易画像も伝送する方式も規定されている。ただし、上記の実験放送ではVHFの7チャネルの一部が8チャネルと重なっているため8セグメント、4 MHz弱の帯域のみを使用した。

セグメントの変調方式はディジタルテレビジョンの場合と同じで、3種のモードが用意されている。個々の搬送波の変調方式も同様にQPSK、16 QAMなどのディジタル変調方式を適用する。このため、テレビジョン放送の音響信号部分のセグメントをディジタルラジオ受信機で聴取することも可能となる。

音響信号の伝送方式はMPEG-2オーディオ/AACを用いる。テレビジョン、衛星放送も含め、ディジタル放送ではこれが主流となった。

5.8 マルチメディアシステムの例としての光ディジタルディスクシステム

5.8.1 ディジタル多目的ディスク（DVD）システム

DVDは、当初はディジタルビデオディスクと呼ばれ、片面1層で劇場用映画の90％以上に対応できるように133分の映画信号（動画像信号、音響信号、字幕信号など）を記録できることを狙って、オーディオ用CDと同じ寸法の円盤への大容量記録を実現した記録再生方式である。その後、その大容量性を生かしてコンピュータデータなどの記録にも用いられるようになり、**ディジタル多目的ディスク**（digital versatile disc：**DVD**）としてマルチメディア技術の

5.8 マルチメディアシステムの例としての光ディジタルディスクシステム

典型的な応用例に進化した.

画像信号の記録方式は MPEG-2 であり,オーディオ信号の記録方式には MPEG-2 オーディオ/AAC の源流となったドルビー AC-3 などが用いられるので,MPEG 方式の代表的な応用例とみなされるが,アナログビデオテープと異なり映画の記録も重視し,例えば毎秒 24 フレームの速度にも対応している,字幕などのためのサブピクチャや複数言語に対応しているなど,MPEG 規格のシステムに比べて機能が拡大されており,音響信号の周波数帯域も CD より広いリニア PCM 方式をサポートしているなど,種々のマルチメディア技

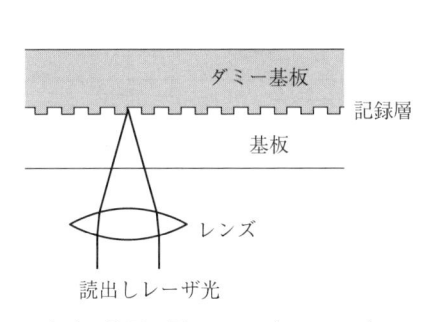

(a) 片面1層ディスク(4.7 Gbyte)

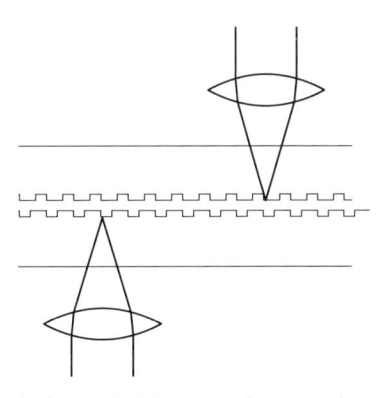

(b) 両面1層ディスク(9.4 Gbyte)

二つの記録層の間隔は 55 μm

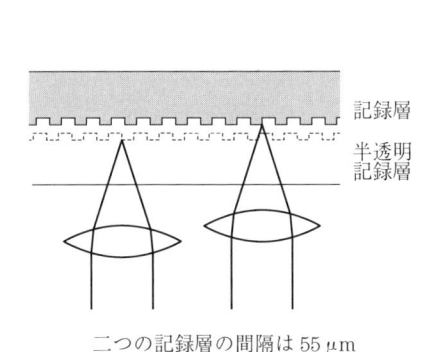

(c) 片面2層ディスク(8.5 Gbyte)

(d) 両面2層ディスク(17 Gbyte)

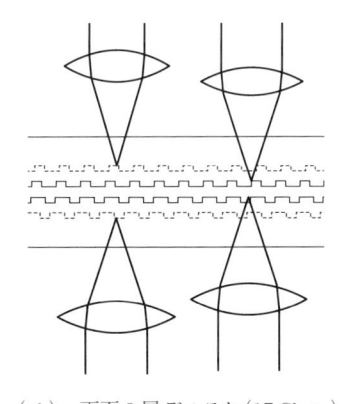

図 5.29 DVD の断面構造

術を集合したシステムの感がある。

　DVD の記録円盤の材料は CD と同じポリカーボネートであり，各部の直径，厚さなどの寸法も CD と同一として回転機構などを共用できるようにしてあるので，外見から CD と DVD を区別するのはやや難しい。しかし，DVD は片面 1 層で記録できる情報量が CD（約 680 Mbyte）に比べ約 6～7 倍である。DVD の断面構造を図 5.29 に示す。

　CD から DVD への進化をもたらした大きな要因として，ハードウェア特に光学系技術の進歩が注目される。DVD と CD のハードウェアの諸元を比較して表 5.8 に示す。DVD は CD に比べてトラックの間隔が狭く，ピットが小さく，また回転の線速度が速い。

表 5.8　DVD と CD のハードウェアの比較

	DVD	従来の CD
ディスクの直径	120 mm	120 mm
ディスクの厚さ	0.6 mm × 2	1.2 mm
記憶容量	片面 1 層 4.7 Gbyte 片面 2 層 8.5 Gbyte 両面記録はそれぞれ 2 倍	約 0.68 Gbyte
変調方式	8/16	8/14（実際は 8/17）
レーザ波長	650/655 μm（赤色）	780 μm（赤外）
レンズの開口数 (NA)	0.6	0.45
線速度	3.49 m/s	1.2 m/s
トラックピッチ	0.74 μm	1.6 μm
記録ピット長	片面 1 層 0.267 μm 片面 2 層 0.293 μm	最長 0.83 μm

　記録密度に関しては，波長の短い光を出力する半導体レーザの実用化が重要な進歩をもたらしたといえる。一方，レンズによりつくられる最小の光点（ビームスポット）の大きさは光の回折効果で決められ，レンズの開口数（NA）に逆比例するので，NA の大きなレンズの開発によってレンズと記録面を近づけ，光点を絞ることができた（5.5 節参照）。このため図 5.29（a）に示すように記録面と表面との距離は CD の 1/2 の 0.6 mm とし，その上に厚いオーバコ

5.8 マルチメディアシステムの例としての光ディジタルディスクシステム

ート層をダミー基板として付加してディスクの全厚さを従来の CD と同じ 1.2 mm とした．一方，厚さ 0.6 mm のままで図 5.29（b）のように 2 枚の記録面側を貼り合わせると，両面記録によって記録容量を 2 倍としたディスクも可能になる．

さらに，読出し系の感度が高ければ反射率が低く半透明な記録面を完全な反射記録面に重ねた多層記録ができる．こうした発想で図 5.29（c）に示すように片面に 2 層記録し，焦点位置の変化で読出し面を選択する方式が実用化された．焦点を結ばない面では光点が大きいので記録されているピットの影響は小さい．しかし，手前の記録面は反射率が低く，また奥の反射面も手前の面で光が弱められるので反射光は弱くなる．これによる読出し誤り率の増加を防ぐため，片面 2 層記録では 1 層記録に比べて大きなピットを用いているので，記録容量は完全に 2 倍にはならない．これを図 5.29（d）のように貼り合わせて両面構成とし，さらに記録容量を増やすことも可能となっている．

CD と DVD とは記録する符号の変調方式でも異なっている．4.2.4 項で述べたように，CD では 16 bit/ワードの信号を 8 bit 単位に分割し，これを 1 が連続せず，0 の連続にも制約を課した 14 bit の信号に変換していた（ただし，0 の連続数を確保するためシンボル間に 3 bit を余分に挿入していた）．DVD では同様の方式で 8 bit（画像信号は通常 8 bit 単位である）を 16 bit に変換する（余分の bit の挿入は不要としてある）．また，誤り訂正方式も両者ともリード・ソロモン符号による方式であるが，DVD ではさらに強力化されている．

DVD の画像信号は MPEG-2 または MPEG-1 を用いて圧縮されて記録される．ビットレートは MPEG-2 で最大 9.8 Mbps，MPEG-1 で最大 1.856 Mbps である．テレビジョン方式は NTSC，PAL をサポートし，アスペクト比は 4 : 3，16 : 9 をサポートする．主映像のほか，これに重ねて表示する映画の字幕やカラオケの歌詞などのためのサブピクチャにも対応している．

画像信号とともに記録される DVD の音響信号は，**表 5.9** に示す線形（リニア）PCM，ドルビー AC-3 方式，MPEG オーディオの 3 方式が用意されている．また，複数の言語に対応するため最大 8 ストリームの音響信号を記録可能

5. 信号適応ディジタルシステム技術

表 5.9 DVD の音響信号の記録方式

	リニア PCM	ドルビー AC-3*	MPEG オーディオ
標本化周波数	48 kHz, 96 kHz	48 kHz	48 kHz
量子化ビット数	16, 20, 24	(圧縮)	(圧縮)
ステレオホニックチャネル数	2	5.1 チャネル (前 3, 後 2 およびサブウーハ) のマルチチャネルステレオに対応	
ビットレート	最大 6.144 Mbps	最大 448 kbps	最大 912 kbps

＊：ドルビーラボ(株)の商標

としている。日本，米国など NTSC テレビジョン方式の地域ではリニア PCM, ドルビー AC-3 方式のいずれかを用いた記録が必須となっている。

DVD と CD には寸法などいくつかの共通点があるので，多くの DVD プレーヤは CD プレーヤの機能も与えられている。読出しに用いるレーザの波長が両者で異なるが，二つのレーザに光学系を共用させることにより，光ピックア

表 5.10 DVD と同等の高密度光ディスクによる音響信号記録システム

		従来の CD	super audio CD	DVD-audio
ディスクの直径と厚さ		120 mm × 1.2 mm	120 mm × 1.2 mm	120 mm × 1.2 mm
信 号 層		1	2	1
ディスク容量	CD 層 高密度層	780 Mbyte なし	780 Mbyte 4.7 Gbyte	なし 4.7 Gbyte
データ符号化方式	CD 層 高密度層	リニア PCM —	リニア PCM Σ-Δ 変調	— リニア PCM
最高標本化周波数	CD 層 高密度層	44.1 kHz —	44.1 kHz 2.482 2 MHz	— 96 kHz
最大ワード長	CD 層 高密度層	16 bit —	16 bit 1 bit	— 24 bit
信号周波数帯域の限界	CD 層 高密度層	22.05 kHz —	22.05 kHz 100 kHz	— 48 kHz
ダイナミックレンジ	CD 層 高密度層	96 dB —	96 dB 120 dB	— 120 dB
最長演奏時間		74 分	74 分	74 分
追加可能な情報		テキスト	テキスト, グラフィクス, 動画情報	テキスト, グラフィクス, 動画情報
主唱した会社			ソニー，フィリップスなど	松下など

(出典) 原田益水：新ディジタル映像技術のすべて，電波新聞社 (2001)

5.8 マルチメディアシステムの例としての光ディジタルディスクシステム

ップ機構を一体化することが可能となっている。

さらに，DVD の豊富な記録容量を活用して CD よりはるかに情報量の多いオーディオ信号蓄積方式が考案され，スーパーオーディオ CD（SACD）方式，DVD オーディオ方式の 2 種が実用化されている．両者を CD 方式と比較して**表 5.10** に示す．いずれも最長記録時間を CD と同じ長さに保ち，時間当りの情報量の増加を信号のレベル分解能，時間分解能の増加にあてている．また，信号のチャネル数の増加，例えば映画技術から普及したいわゆる 5.1 チャネル方式（前方に 3 スピーカ，後方に 2 スピーカおよび任意位置のサブウーハ）にも対応可能となっている．

DVD オーディオが DVD 方式を基盤としたオーソドックスな PCM 方式なのに対して，スーパーオーディオ CD は 1 bit Σ-Δ 変調方式を採用し，またディスクを 2 層として CD フォーマットの記録も可能としているのが特徴である．なお，DVD オーディオ，スーパーオーディオ CD いずれも MPEG オーディオやドルビー AC-3 のような情報圧縮方式は使用しない．

5.8.2 書込みできる CD と DVD

CD-R，CD-RW など書込み可能，かつ通常の CD プレーヤで再生できる CD はコンピュータの記録メディアとして開発され，音楽著作権に関する合意の成立により音響信号の記録にも用いられるようになった．

CD-R は 1 回書込み可能，その後の修正や消去は不能というもので，1988 年に太陽誘電社の開発した通常の CD プレーヤで読める（反射率 65％以上，かつピット部と非ピット部の反射率の差が 65％以上の条件を実現した）有機色素形が広く普及した．CD-R の記録媒体とそれに記録されるピットの概要を**図 5.30** に示す．CD と同じポリカーボネート基板に屈折率の大きなフタロシアニン系などの材料による色素を塗布し，その上に金属（当初は金，その後反射率を確保できる安価な材料に変更）の反射層をかぶせる．

これに強いレーザ光のスポットを照射すると熱により色素層が破壊され，基板も局部的に変形してピットが書き込まれる．ピットは基板材料の反射層方向

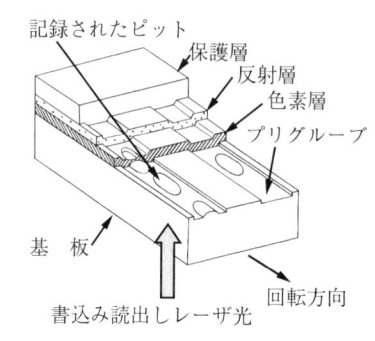

図5.30 CD-R とそれに記録されたピット

への膨らみとなるので，CD のピットとは凹凸が逆になる．しかし，色素層の元の厚さは反射光の波長（屈折率が異なるので空気中と同じ長さではない）の 1/4 としてあるので，CD と同じようにピットではビームスポットの反射光は暗くなる．

記録前のディスクには，光のスポットをトラックに導く手段が必要である．このため色素層を塗った基板面は平面ではなく，プリグルーブと呼ばれる渦巻き状の溝が形成されており，ピットはその凹部（レーザ光照射側から見れば凸部）に記録される．プリグルーブは緩やかに蛇行しており，これによる交流出力をもとに光スポットの位置決めが行われる．

CD-R は記録された部分の変更や消去はできないが，複数回に分けた未記録部分への追記が可能である．ただし，追記可能な状態では再生専用の CD プレーヤでは再生はできない．ファイナライズと呼ばれる最終処理を行うとそれ以後は追記不能となるかわりに，リードイン部に CD と同じ形式の TOC が書き込まれ，通常の CD プレーヤで再生可能となる．

こうした構成はコンピュータ用の CD-R とも同じである．しかしオーディオ用 CD-R にはあらかじめ識別コードが記録されており，CD-R 録音装置はこれをチェックしているので，コンピュータ用の CD-R を汎用の録音装置に用いることはできない．ちなみに，未記録のオーディオ用 CD-R の価格には私的録音に対する音楽著作権の補償のための料金が含まれている．

CD-RW（CD rewritable）はさらに進んで，すでに記録された部分の消去，

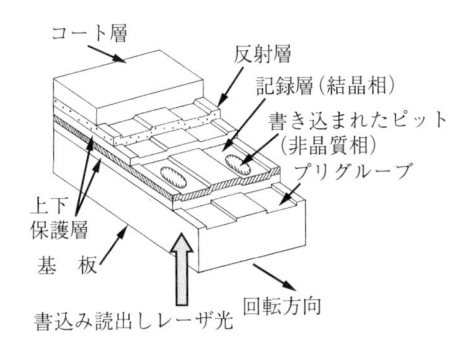

5.8 マルチメディアシステムの例としての光ディジタルディスクシステム

図 5.31 CD-RW とそれに記録されたピット

変更を可能ととした CD フォーマットの光ディスクである。CD-RW の記録媒体とそれに記録されるピットの概要を**図 5.31** に示す。ディスクの構造は CD-R と同様のプリグルーブをもつ多層構造だが，記録層として有機材料による色素層のかわりに Ag-In-Sb-Te のような相変化材料の層を，保護層で挟んで形成してある。この材料は常温で結晶相，非晶質（アモルファス）相の 2 種の状態をとることができ，温度を上げて結晶化点を超すと相を変化させることができる。さらに高い温度に融点がある。記録層は工場出荷時には結晶相とされている。

この材料に，温度が融点以上となるような強いレーザ光のスポットを照射して急冷すると非晶質相となり，局部的に屈折率が変化するのでピットに相当する点を書き込むことができる。また，これよりやや弱いレーザ光を当てて融点と結晶化点の間の温度まで加熱し，徐冷すると結晶層に戻るので記録を消去することができる。読出しには温度が結晶化点以下にしか上昇しない弱いレーザ光を用いる。

記録，消去の繰返しは 1 000 回程度までは問題ないとされている。これは磁気ディスクの保証値よりは少ないが，摩耗のような機械的劣化の生じやすいビデオテープなどよりは長寿命であろう。

こうした技術を発展させて DVD にも記録可能なものが実用化された。基本的には CD-R または CD-RW と同様の構成で高密度化したものといえるが

- DVD と同じ 650 μm の波長のレーザと開口数 (NA) 0.6 のレンズを用い

るもの (DVD-R および DVD-RW)

- 655 μm のレーザと開口数 0.65 のレンズを用い，データ転送速度の上昇を可能としたもの (DVD + R および DVD + RW)
- グルーブの溝のみでなく山にも記録する高密度のもの (DVD-RAM)

といった複数の方式が提案され，統一を欠いた状態となっている．しかし，CD を含め数多くの方式のディスクを自動的に識別し，再生できるプレーヤが開発されているのはディスクの幾何学的寸法を統一した賜物であろう．

(レポート課題)

1. ディジタルカメラシステムでは，静止画像記録には JPEG 以外にもいくつかの情報圧縮方式が用いられている．主要なものを列挙してそれぞれの特徴を考察せよ．
2. CCD と MOS 撮像素子の動作原理を述べ，それぞれの特徴を比較せよ．
3. 放送，通信衛星によるディジタルテレビジョン放送と地上ディジタルテレビジョン放送に用いられている信号伝送技術を対比して述べよ．
4. 光ディスク記録方式は新方式がつぎつぎに提案されている．特に短い波長の半導体レーザの開発成果を取り入れた高密度記録化にはみるべきものがある．現在発表されている技術を調査し，記録密度，記録方式，記録層の定数などを本書に記述された方式と比較せよ．

参 考 文 献

1 章
1) 佐藤：現代メディア史, 岩波書店 (1998)
2) 吉見ほか：メディアとしての電話, p.26, 弘文堂 (1992)
3) 国立天文台 編：理科年表, 丸善 (年刊)
4) JIS Z 8203：国際単位系 (SI) 及びその使い方
5) 宮川ほか：ディジタル信号処理, 電子情報通信学会 (1975)
6) 電子情報通信学会 編, 大賀ほか 著：音響システムとディジタル処理, コロナ社 (1995)
7) J. P. ギルフォード (秋重 訳)：精神測定法, 培風館 (1959)
8) 日科技連官能検査委員会 編：官能検査ハンドブック, 日科技連出版社 (1973)
9) 日本音響学会 編, 境 編著：聴覚と音響心理, 音響工学講座 6, コロナ社 (1978)
10) 日本音響学会 編, 難波, 桑野 著：音の評価のための心理学的測定法, 音響テクノロジーシリーズ 4, コロナ社 (1998)

2 章
1) 三浦 編：新版 聴覚と音声, 電子情報通信学会 (1980)
2) 小池ほか：音声情報工学, NTT 技術移転 (1987)
3) 安藤：新版 楽器の音響学, 音楽之友社 (1996)
4) 日本音響学会 編, 境 編著：聴覚と音響心理, 音響工学講座 6, コロナ社 (1978)
5) B. C. J. ムーア (大串 監訳)：聴覚心理学概論, 誠信書房 (1994)
6) 難波 編：聴覚ハンドブック, ナカニシヤ出版 (1984)
7) 滋野 編：心理学, 新曜社 (1994)
8) ISO 226：2003 "Acoustics — Normal equal-loudness-level contours"
9) IEC Technical Report 60959 "Provisional head and torso simulator for acoustic measurements on air conduction hearing aids" (1990)
10) 大田：色再現工学の基礎, コロナ社 (1997)
11) 樋渡：画像工学とテレビジョン技術, 槇書店 (1993)
12) 村上：画像通信工学, 東京電機大学出版局 (1994)
13) 電子情報通信学会 編, 藤尾 著：電子画像工学, コロナ社 (1999)

14) 長谷川：改訂 画像工学, 電子情報通信学会大学シリーズ J-5, コロナ社 (1991)
15) 南, 中村：画像工学 (増補), テレビジョン学会教科書シリーズ 1, コロナ社 (2000)
16) 末松, 山田：画像処理工学, メカトロニクス教科書シリーズ 9, コロナ社 (2000)

3 章

1) 岩井 監修：無線百話―マルコーニから携帯電話まで, クリエイトクルーズ (1997)
2) 池上：通信工学 (訂正版), 理工学社 (1995)
3) 平松：通信方式, 電子情報通信学会大学シリーズ F-4, コロナ社 (1985)
4) 樋渡：画像工学とテレビジョン技術, 槇書店 (1993)
5) 南, 中村：画像工学 (増補), テレビジョン学会教科書シリーズ 1, コロナ社 (2000)
6) 日本音響学会 編, 中島ほか 著：応用電気音響, 音響工学講座 2, コロナ社 (1979)
7) 竹村, 田中：家庭用ビデオ機器, テレビジョン学会参考書シリーズ, コロナ社 (1991)
8) 竹ヶ原ほか：ディジタルオーディオ, テレビジョン学会実用書シリーズ, コロナ社 (1989)
9) 土井, 伊賀：新版ディジタルオーディオ, ラジオ技術社 (1987)

4 章

1) 電子情報通信学会 編, 大賀ほか 著：音響システムとディジタル処理, (1995)
2) 土井, 伊賀：新版ディジタルオーディオ, ラジオ技術社 (1987)
3) 竹ヶ原ほか：ディジタルオーディオ, テレビジョン学会実用書シリーズ, コロナ社 (1989)
4) IEC 60908 "Compact disc digital audio system" (1987)
5) 鎌倉ほか：音響エレクトロニクス, 培風館 (2004)
6) 末松, 山田：画像処理工学, メカトロニクス教科書シリーズ 9, コロナ社 (2000)
7) 釜江, 吹抜：ディジタル画像通信, 産業図書 (1985)
8) 貴家：よくわかるディジタル信号処理, CQ 出版 (1996)
9) 酒井：ディジタル画像処理入門, コロナ社 (1997)

5 章

1) 立川ほか：パーソナル通信のすべて, NTT 出版 (1995)
2) 電子情報通信学会 編：エンサイクロペディア電子情報通信ハンドブック, オーム社 (1998)
3) 井上：通信の最新常識, 日本実業出版社 (1999)
4) 電子情報通信学会 編, 守谷 著：音声符号化, コロナ社 (1998)

5) 藤原：マルチメディア情報圧縮, 共立出版 (2000)
6) K. R. Rao and P. Yip (安田, 藤原 訳)：画像符号化技術―DCT とその国際標準, オーム社 (1992)
7) 宮坂：聴覚の性質を利用した高能率圧縮の原理, 日本音響学会誌, **60**, 1, p. 18 (2004)
8) 日本音響学会 編, 北脇 編著：音のコミュニケーション工学, コロナ社 (1996)
9) 守谷：音声音響信号の符号化手法, 日本音響学会誌, **57**, 9, p. 604 (2001)
10) 守谷：音声符号化技術, 電子情報通信学会誌, **84**, 11, pp. 836〜842 (2001)
11) 北脇 編：ディジタル音声・オーディオ技術, 電気通信協会 (1999)
12) 立川 監修：W-CDMA 移動通信方式, 丸善 (2001)
13) 末松, 山田：画像処理工学, メカトロニクス教科書シリーズ 9, コロナ社 (2000)
14) 山田 編著：ディジタル放送の技術とサービス, 高度映像技術シリーズ, コロナ社 (2001)
15) 藤原 監修：画像 & 音声圧縮技術のすべて, TECH I, 4, CQ 出版社 (2000)
16) 大島：パソコン解体新書, Vol. 4, ソフトバンクパブリシング (2000)
17) 最新撮像素子で銀塩をとらえたディジタル・カメラ, 日経バイト, 2002 年 5 月号, p. 100, 日経 BP 社 (2002)
18) 永田：図解 レンズがわかる本, 日本実業出版社 (2002)
19) 小倉：写真レンズの基礎と発展, 朝日ソノラマ (1995)
20) 原田：新ディジタル映像技術のすべて, 電波新聞社 (2001)
21) 加古, 鈴木：MPEG 路論と実践, NTT 出版 (2003)
22) 小滝：デジタルテレビ放送の概要, JAS Journal, **43**, 10, p. 5 (2003)
23) 映像情報メディア学会 編, 山田 編著：放送システム, コロナ社 (2003)
24) 近江, 小高：デジタルラジオ放送の技術概要と最新状況, JAS Journal, **43**, 10, p. 12 (2003)
25) 映像情報メディア学会 編, 山田 監修：ディジタル放送ハンドブック, オーム社 (2003)
26) 徳丸, 横川, 入江：DVD 読本, オーム社 (2003)
27) 特集 次世代オーディオ, JAS Journal, **39**, 5 (1999)
28) 映像情報メディア学会 編：総合マルチメディア選書 MPEG, オーム社 (1996)
29) オレンジフォーラム 編：CD-R/RW オフィシャルガイドブック, エクシード・プレス, BNN (1999)

あ と が き
―― マルチメディアシステム技術と社会 ――

　マルチメディアシステムを「情報の種類にかかわりなく伝送，記録することによりあらゆる種類の情報に対応するシステム」と位置づけるなら，代表的な応用例とされるのはパソコン，オーディオ装置，テレビジョン-ビデオ装置を接続，統合したホームエンタテインメントシステムである．インタネット電話，IP 電話の包含によってこうしたシステムにおけるメディアはさらに増加した．

　一方，こうした個々の家庭またはオフィス向けのシステムを結合したさらに大規模な情報システムもマルチメディアシステムとして注目すべきであろう．目立つ例はディジタル処理化，パケット伝送化，分散処理化，さらには光ファイバによる高速伝送化によって 100 年来の姿をまったく変えてしまった電話システムである．

　電話システムがこのように変化を遂げたのは，単に技術が進歩したからではなく，社会が進歩を要求したからにほかならない．情報通信システムのマルチメディア化，グローバル化は社会から要求され，これに適合する新システムが社会に受け入れられ，社会のインフラストラクチュアとして発展を続けている．本書も含め，技術書は技術分野の記述に閉じてしまうのが一般だが，エンジニアはこうした社会における技術の位置づけにも関心を払うべきであろう．

　姜尚中らは社会のグローバル化をエコノスケープ，メディアスケープ，テクノスケープ，ファイナンススケープ，イデオスケープの五つの要素に分割してとらえるアパドゥライの提案を紹介している[†]．この分類は本書の 1 章で述べ

---

† 姜，吉見：グローバル化の遠近法，岩波書店 (2001)

たマルチ伝送メディア，マルチ表現メディア，マルチ報道メディアという分類をさらに大きく広げるものである。

この観点に従えば，マルチメディアシステム技術はテクノスケープにおけるグローバル化の重要な要素であり，メディアスケープでのグローバル化をもたらすものと位置づけられよう。これがほかの要素にどう影響するか，それはプラスかマイナスか，エンジニアはつねに観察し，思考して技術の進路を判断すべきである。

著者は本書を技術書としてまとめた。しかし，マルチメディアシステム普及期のエンジニアには技術のみの孤立は許されない。マルチメディア技術はこれから脱皮しなければならない。これが原稿を書き上げた著者に残された大きな問題意識である。

索　　　引

【あ】

圧伸　　　　　　　　　　98
アナログシステム　　　　79
誤り訂正機能　　　　　　93
アンチエリアシングフィ
　ルタ　　　　　　　　　84

【い】

閾　　　　　　　　　　　18
位相　　　　　　　　　　 6
位相角　　　　　　　　　 6
位相速度　　　　　　　　 6
色副搬送波　　　　　 54,59
インターリーブ　　　　　90
インタレース走査　　　　56

【う】

ウェーバーの法則　　　　15
ウェーバー・フェヒナーの
　法則　　　　　　　　　16
動き補償　　　　　　　 152
動き補償フレーム間予測
　符号化　　　　　　　 152

【え】

映像搬送波　　　　　　　54
エコーキャンセラ　　　 102
エコーキャンセラ方式　 101
エリアシング　　　　　　82
エレクトレットコンデンサ
　マイクロホン　　　　　25
エントロピー符号化　　 141
エンファシス　　　43,51,68

【お】

オイラーの公式　　　　　 9
横縦比　　　　　　　　　55
オーバサンプリング　　 110
オピニオン等価Q値　　139
オピニオン評価　　　16,138
折返し現象　　　　　　　83
折返し防止フィルタ　　　84
音圧　　　　　　　　　　 5
音響インテンシティ　　　 5
音響信号搬送波　　　　　54

【か】

開口数　　　　　　　　 150
カセットテープ　　　　　67
カセットテープシステム　64
画素　　　　　　　　　 106
下側帯波　　　　　　　　45
加入者系　　　　　　　 100
加法混色　　　　　　　　36
加法性　　　　　　　　　14
カメラ　　　　　　　　　31
感覚量　　　　　　　　　14

【き】

技術　　　　　　　　　　 3
奇数フィールド　　　　　56
基底関数　　　　　　　　10
基底膜　　　　　　　　　25
逆フーリエ変換　　　　　10
キャプスタン　　　　 67,71
極限法　　　　　　　　　18
距離尺度　　　　　　　　14

【く】

空間周波数　　　　　　　13
偶数フィールド　　　　　56
クリアビジョン　　　　　62

【け】

傾斜アジマス記録　　　　72
計測心理学　　　　　　　14
系列範ちゅう法　　　　　17
減法混色　　　　　　　　36

【こ】

語　　　　　　　　　　　86
工学　　　　　　　　　　 3
恒常法　　　　　　　　　18
高精細度テレビジョン　　63
光束　　　　　　　　　　 5
高速フーリエ変換　　12,126
光度　　　　　　　　　　 5
語長　　　　　　　　　　86
コードデータ表現　　　 108
コードレス電話システム
　　　　　　　　　　　 122
コンテンツ　　　　　　　 1
コントロールトラック　　73
コンパクトカセット磁気
　テープシステム　　　　64

【さ】

最小可聴限　　　　　　 130
再生中継　　　　　　　 100
サブウーハ　　　　　　　31
サブナイキスト標本化　 107
サブバンド ADPCM　　 122
サブバンドフィルタ　　 126

索引

差分 PCM　　121
三原色　　33
算術符号化　　142
残留側波帯変調　　46

【し】

子音　　21
時間領域　　9
色感　　33
刺激閾　　17
次元　　7
視細胞　　32
自動車電話システム　　139
時分割　　99
周波数　　6
周波数インタリーブ標本化　　107
周波数分割　　45
周波数変調　　47
周波数領域　　9
順次走査　　56
順序尺度　　14
順序性　　14
上側帯波　　45
照度　　6
シンドローム　　94
振幅　　6
振幅変調　　41
シンプルプロファイル　　157
シンボル　　88

【す】

水晶体　　32
スケーラビリティプロファイル　　157
ステレオ　　30
ステレオホニック　　30
スーパーオーディオ CD　　167
ズームレンズ　　150

【せ】

正三角形格子　　106

正方形格子　　106
セグメント　　160
線形ディジタルシステム　　81
線速度　　87

【そ】

走査　　8, 55
速度　　5

【た】

第 3 世代携帯電話方式　　123
ダイナミックレンジ　　86
タイムシフト　　64
多重化　　45, 99
単位系　　4
単側波帯変調　　44

【ち】

力　　5
地上ディジタルテレビジョンシステム　　160
中継系　　100
中波　　41
聴覚マスキング　　27, 130
聴感曲線　　26
調整法　　18
超短波　　47
直交変調　　59

【て】

ディエンファシス　　51, 73
定額料金制　　117
ディジタルカメラ　　146
ディジタル携帯電話方式　　123
ディジタルシステム　　78
ディジタル多目的ディスク　　162
ディジタルラジオ放送　　161
デインタリーブ　　90
適応 PCM　　120
適応差分 PCM　　121

適応ディジタルフィルタ　　102
デシメーション　　111
データ圧縮　　140
電圧　　4
電流　　4
電力　　5

【と】

同一性　　14
同期検波　　60
凸レンズ　　31, 149
飛越し走査　　56
トラック　　86
トランスデューサ　　78

【な】

ナイキストの定理　　83

【に】

二次元離散コサイン変換　　143

【は】

バイノーラル　　30
ハイプロファイル　　157
波長　　6
発声レベル　　21
ハフマン符号化　　141
パリティチェック　　93
パルス符号変調　　81
パワー　　5
搬送波　　41, 113

【ひ】

光電気変換素子　　147
ピクセル　　106
ピクチャ　　155
比視感度　　33
非線形ディジタルシステム　　81
ビット　　86

178　索　　　　　引

ビットストリーム	159
ビットマップデータ表現	106, 108
ビデオカセットテープシステム	70
ビデオテープレコーダ	70
人の耳	25
人の目	32
ビームスポット	87
評定尺度法	16, 138
標本化	81
標本化周期	81
標本化周波数	82
比率尺度	15
ビン	115
ピンポン伝送方式	101

【ふ】

フィールド	56
フィールド周波数	56
フェヒナーの法則	15
フェリー・ポータ則	37
復　調	41
符号帳	136
ブラウン管	56
フーリエ級数	10
フーリエ変換	9
プリエンファシス	51, 73
フリッカ	37
フレーム	56

フレーム間予測符号化	151
フレーム周波数	56
プログレッシブ走査	56
プロトコル	8

【へ】

ベクトルデータ表現	108
ベストエフォート主義	117
ヘッダ	95
ヘッド	65, 72
ヘリカル走査方式	70
変形離散コサイン変換	127
変　調	41
変調雑音発生標準装置	139
弁別閾	17

【ほ】

母　音	20
ボコーダ	134
ホルマント	22
ホン	26

【ま】

マスキング	27
マルチメディア	3
マルチメディアシステム	3

【め】

名義尺度	14
メインプロファイル	157

メディア	1

【よ】

予測符号化	121, 151

【ら】

ライブラリ	64
ランドルト環	32
ランレングス符号化	142

【り】

離散コサイン変換	126
離散フーリエ変換	11, 126
リード・ソロモン符号	92
粒子速度	5
量子化	84
量子化雑音	85
量子化ステップ	86
量子化ひずみ	85
両側波帯変調	44
両耳効果	29
両立性	52
臨界帯域幅	28, 130
臨界フリッカ周波数	37

【わ】

ワード	86
ワード長	86

【A】

ACELP	137, 138
ADPCM	121, 138
ADSL	115
AM	41
APCM	120
ATRAC	131
ATV	62

【B】

bit	84
BPSK	114
byte	86
Bピクチャ	155

【C】

CCD	147
CD	75
CDMA	123, 140
CD-R	167
CD-RW	168
CELP	134
CRT	56

【D】

DAT	71
DCT	126
DFT	126
DMT信号	115
DPCM	121

索引

DSB		44
DSL		115
DSP		102
DSU		102
DVD		162
DVDオーディオ		167
DVD＋R		170
DVD＋RW		170
DVD-R		170
DVD-RAM		170
DVD-RW		170

【E】
EDTV		62

【F】
FDM		45
FFT		126
FM		47, 74

【G】
GOP		155
GPS		125

【H】
HDTV		63
high colorモード		109

【I】
IDTV		62
IP電話		117
ISDB-T		160
ISDN		101
I信号		54, 58
Iピクチャ		155
iモード		125, 140

【J，L】
JPEG符号化方式		143
LSB		45, 85

【M】
MD		69
MDCT		127
MF		41
MNRU		139
MOS		17
MOS変換素子		147
MPEG		153
MPEGオーディオ方式		125
MPEGビデオ方式		153
MPEG-1方式		153
MPEG-2方式		154
MPEG-4方式		154, 158
MP@ML		158
MSB		85
MUSE方式		63

【N】
NA		150
NRZ符号		75
NTSC		33
NTSC方式		53

【O】
OFDM		116, 160

【P】
PCM		76, 81
PCM電話伝送方式		97
PHS電話方式		122
PSI-CELP		136
Pピクチャ		155

【Q】
QAM		114
QPSK		114
Q信号		54, 58

【R】
RGB表色系		34

【S】
SACD		167
SHF		54
SN比		51
SSB		44

【T】
TA		102
TCM方式		101
TDM		99
TDMA		140
TOC		95, 168
true colorモード		109

【U】
UHF		54
USB		45

【V】
VHF		47
VHS		71
VSB		46
VSELP		136
VTR		70

【X～Z】
xDSL		115
XYZ表色系		35
xy色度図		36
Y信号		54, 58
z変換		11

【その他】
1 bit Σ-Δ変調方式		111
16 QAM		114
Σ-Δ変調		111

―― 著者略歴 ――

- 1964年 電気通信大学通信機械工学科卒業
- 1964年 電電公社電気通信研究所勤務
- 1985年 工学博士(名古屋大学)
- 1985年 富士通株式会社勤務
- 1986年 株式会社富士通研究所勤務
- 1998
- ～2000年 日本電子機械工業会マルチメディアシステム
  標準化委員会委員長
- 2000年 芝浦工業大学教授
- 2008年 芝浦工業大学名誉教授
  電子情報通信学会フェロー，IEEEフェロー，
  日本音響学会名誉代議員，功績賞

マルチメディアシステム工学
―音響と画像の実用システムから技術を知る―
Multimedia System Technology　　　　　　　　　　　　© Juro Ohga 2004

2004年 9 月 22 日　初版第 1 刷発行
2020年 7 月 20 日　初版第 8 刷発行

検印省略

著　者	大賀　寿郎（おお　が　じゅ　ろう）
発行者	株式会社　コロナ社
	代表者　牛来真也
印刷所	三美印刷株式会社
製本所	有限会社　愛千製本所

112-0011 東京都文京区千石 4-46-10
発行所　株式会社　コロナ社
CORONA PUBLISHING CO., LTD.
Tokyo Japan
振替 00140-8-14844・電話(03)3941-3131(代)
ホームページ　https://www.coronasha.co.jp

ISBN 978-4-339-00768-8　C3055　Printed in Japan　　　（高橋）

JCOPY ＜出版者著作権管理機構 委託出版物＞

本書の無断複製は著作権法上での例外を除き禁じられています。複製される場合は，そのつど事前に，出版者著作権管理機構（電話 03-5244-5088, FAX 03-5244-5089, e-mail: info@jcopy.or.jp）の許諾を得てください。

本書のコピー，スキャン，デジタル化等の無断複製・転載は著作権法上での例外を除き禁じられています。購入者以外の第三者による本書の電子データ化及び電子書籍化は，いかなる場合も認めていません。
落丁・乱丁はお取替えいたします。